2018—2019 年中国工业和信息化发展系列蓝皮书

2018—2019 年
中国工业节能减排蓝皮书

中国电子信息产业发展研究院　编著
刘文强　主　编
顾成奎　副主编

电子工业出版社
Publishing House of Electronics Industry
北京·BEIJING

内 容 简 介

本书基于全球化视角,对 2018 年我国及世界主要国家工业节能减排态势进行了重点分析,梳理并剖析了国家相关政策及其变化对工业节能减排的影响,预判了 2019 年我国工业节能减排的走势。全书分为综合篇、重点行业篇、区域篇、政策篇、热点篇和展望篇等六个部分。

本书可为政府部门、相关企业及从事相关政策制定、管理决策和咨询研究的人员提供参考,也可以供高等院校相关专业师生及对工业节能减排感兴趣的读者学习。

未经许可,不得以任何方式复制或抄袭本书之部分或全部内容。
版权所有,侵权必究。

图书在版编目（CIP）数据

2018—2019 年中国工业节能减排蓝皮书 / 中国电子信息产业发展研究院编著. —北京:电子工业出版社,2019.12
（2018—2019 年中国工业和信息化发展系列蓝皮书）
ISBN 978-7-121-37544-6

Ⅰ. ①2… Ⅱ. ①中… Ⅲ. ①工业企业—节能减排—研究报告—中国—2018—2019 Ⅳ. ①TK018

中国版本图书馆 CIP 数据核字（2019）第 213908 号

责任编辑：许存权（QQ：76584717）　　特约编辑：谢忠玉 等
印　　刷：天津画中画印刷有限公司
装　　订：天津画中画印刷有限公司
出版发行：电子工业出版社
　　　　　北京市海淀区万寿路 173 信箱　邮编：100036
开　　本：720×1 000　1/16　印张：13.5　字数：262 千字　彩插：1
版　　次：2019 年 12 月第 1 版
印　　次：2019 年 12 月第 1 次印刷
定　　价：138.00 元

凡所购买电子工业出版社图书有缺损问题,请向购买书店调换。若书店售缺,请与本社发行部联系,联系及邮购电话：(010) 88254888,88258888。

质量投诉请发邮件至 zlts@phei.com.cn,盗版侵权举报请发邮件至 dbqq@phei.com.cn。

本书咨询联系方式：(010) 88254484,xucq@phei.com.cn。

前　　言

近年来，全国工业和信息化系统坚决贯彻落实党中央国务院一系列重大决策部署，坚持新发展理念，着力深化供给侧结构性改革，统筹推进稳增长、促改革、调结构、深融合、惠民生、保安全各项工作，结构调整和转型升级步伐不断加快，新旧动能加快接续转换，绿色发展加速推进，工业经济运行总体实现缓中趋稳、稳中提质。准确把握工业绿色发展面临的新形势，明确实现制造业高质量发展的关键措施，把节能与绿色发展作为战略目标和任务，对推动行业绿色转型具有重要意义。

一、准确把握工业绿色发展面临的新形势

我国经济发展的外部环境正在发生明显变化，国际环境更加错综复杂，国内改革的任务繁重，对制造业提出了新的更高的要求。

一是高质量发展对工业转型发展提出新任务。中国特色社会主义进入新时代，我国经济发展也进入了新时代，基本特征体现在我国经济发展已由高速增长阶段转向高质量发展阶段。我国制造业的低成本劳动力优势已经逐渐消减，必须找到新的发展道路。我国有着工业大国完整的产业链和巨大的规模化优势，如果能够更好地叠加创新、协调、绿色、开放、共享的新发展理念，完全能够进一步增强新的比较优势。要结合我国国情和制造业的特点，强化新的信息技术与制造业的融合发展，特别是高度关注钢铁、化工、机械等产业的发展。我国的发展仍处在并将长期处在重要的战略机遇期，必须抓住、用好新的机遇，深入推进供给侧结构性改革，加快构建绿色低碳循环发展的产业体系，推动制造业可持续、高质量发展。

二是生态文明建设对工业发展提出了新要求。党的十九大报告首次提出建设富强民主文明和谐美丽的社会主义现代化强国的目标，将坚持人与自然和谐共生作为新时代坚持和发展中国特色社会主义的基本方略和主要内容。这生动诠释了习近平的生态文明思想，也为新时代工业发展指明了方向，提出了新的更高的要求。随着工业化进程的推进，我国消耗了大量的能源和资源。2018年，我国能源消费总量达到46.4亿吨标准煤，其中工业能源消费占一次性能源消费的比例超过60%，能源瓶颈问题日益凸显。

三是国际竞争对我国工业发展带来新挑战。当前，随着全球新一轮科技革命和产业变革的兴起，各国都在追求绿色智能可持续的发展，制造业智能化、绿色化成为发展大趋势。发展绿色经济，已经成为全球主要经济体的共同选择。各国都把制造业放在经济发展的优先位置，美国、德国、日本等国家先后出台了制造业发展的相关战略。在世界经济新一轮大变革中，面对气候变化等新挑战，我国加快制造业的绿色转型升级，打造国际竞争绿色新优势刻不容缓。

二、全面推行绿色制造是实现制造业高质量发展的关键措施

实行绿色制造，是绿色发展理念在生产领域的具体体现，是落实制造强国战略、推动工业转型升级、实现制造业高质量发展的有效举措。2016年以来，工业和信息化部制定并发布了《工业绿色发展"十三五"规划》和《绿色制造工程实施指南》，明确提出全面推行绿色制造、加快工业绿色发展的总体思路、重点任务和保障措施。

一是推进实施绿色制造工程。工业和信息化部支持了366个重点项目，按照厂房集约化、原料无害化、生产节约化、废物资源化、能源低碳化、产业绿色化的原则，共发布4批绿色制造体系名单，建设1402家绿色工厂、118个绿色工业园区、90家绿色供应链企业、1097个绿色设计产品，为绿色发展理念在各行业内加快落实提供了示范。

二是狠抓工业节能减排。工业和信息化部启动了工业节能与绿色发展标准化计划，推动研究制定715项工业节能和绿色发展标准，充分发挥标准的引领和支撑作用；大力推广先进适用的节能技术装备，累计对1万多家企业开展节能监察，倒逼企业加快节能技术改造，2018年重点大中型钢铁企业吨钢综合能耗降至555千克标准煤；开展"水效领跑者"引领行动，确定钢铁、纺织、造纸等高耗水行

业的 11 家企业为首批"水效领跑者"。

三是不断加大资源综合利用力度。工业和信息化部加快推动工业资源综合利用基地建设，特别是针对京津冀地区尾矿、废渣量巨大的问题，实施专项行动计划，推进钢渣等工业固废资源的综合利用，发布《关于加快推进再生资源产业发展的指导意见》，对废钢行业实施规范管理，支持工业行业改进技术、改进工艺和流程，提升资源综合利用能力。

通过不断努力，"十三五"的前 3 年，全国规模以上工业企业单位工业增加值能耗累计下降 13.1%，单位工业增加值用水量累计下降 19%，工业绿色发展取得积极进展。

三、工业要把节能与绿色发展作为战略目标和任务

一是要不忘初心，牢记使命。中国特色社会主义进入新时代，人民的物质文化基础达到了更高的层次，对生态环境、绿色产品等方面的需求日益提升。工业各行业要守初心、担使命，正确把握产业发展和生态环境保护的关系，为我国高质量发展打下坚实基础，为打好污染防治攻坚战做出贡献。

二是要优化产业结构。进一步深化供给侧结构性改革，依据资源环境承载能力，加快推动产业布局优化，聚焦京津冀、汾渭平原、长三角，以及长江经济带等重点区域，打造绿色生产体系，发挥绿色工厂标杆示范作用，分享先进经验，提供绿色制造系统解决方案，带动行业整体绿色化提升。

三是要深化实施节能与绿色化改造。进一步加大先进成熟技术推广应用力度，实施系统化的绿色改造，推动节能节水工作从局部向全流程、全系统转变。

四是要积极研究绿色发展新问题。面对当前节能减排的新形势、新要求，进一步推进绿色技术创新，将工业的绿色生产水平提升到新高度，在促进工业生产过程绿色化的同时，生产更多的绿色产品，积极回应人民所想、所盼、所急，为实现"两个一百年"奋斗目标、实现中华民族伟大复兴的中国梦而努力奋斗。

目 录

|综 合 篇|

第一章　2018年全球工业节能减排发展状况……………………………………002

　　第一节　工业发展概况………………………………………………………002
　　　　一、美国……………………………………………………………………003
　　　　二、日本……………………………………………………………………004
　　　　三、欧盟……………………………………………………………………004
　　　　四、新兴经济体……………………………………………………………005
　　第二节　能源消费状况………………………………………………………006
　　第三节　低碳发展进程分析…………………………………………………008
　　　　一、全球碳排放……………………………………………………………008
　　　　二、多方努力应对气候变化………………………………………………009
　　　　三、清洁能源发展情况……………………………………………………012

第二章　2018年中国工业节能减排发展状况……………………………………016

　　第一节　工业发展概况………………………………………………………016
　　　　一、总体发展情况…………………………………………………………016
　　　　二、重点行业发展情况……………………………………………………017
　　第二节　工业能源资源消费状况……………………………………………019
　　　　一、能源消费情况…………………………………………………………019
　　　　二、资源消费情况…………………………………………………………019
　　第三节　工业节能减排状况…………………………………………………020

一、工业节能进展 ···020
　　二、工业领域主要污染物排放 ··022
　　三、工业资源综合利用情况 ··023

第三章　2018年中国节能环保产业发展状况 ···027

　第一节　总体状况 ··027
　　一、发展形势 ···027
　　二、发展现状 ···028
　　三、主要推动措施 ··031
　第二节　节能产业 ··032
　　一、发展特点 ···032
　　二、相关政策措施 ··035
　　三、典型企业 ···036
　第三节　环保产业 ··039
　　一、我国环保产业发展基本情况 ··039
　　二、典型企业 ···041
　第四节　资源循环利用产业 ··043
　　一、发展特点 ···043
　　二、典型企业 ···045

重点行业篇

第四章　2018年钢铁行业节能减排进展 ···052

　第一节　总体情况 ··052
　　一、行业发展情况 ··052
　　二、行业节能减排主要特点 ··053
　第二节　典型企业节能减排动态 ···055
　　一、南钢股份 ···055
　　二、宝钢股份 ···056

第五章　2018年石化和化工行业节能减排进展 ··059

　第一节　总体情况 ··059
　　一、行业发展情况 ··059

二、行业节能减排主要特点 ··060
第二节　典型企业节能减排动态 ··062
　　一、镇海炼化 ··062
　　二、中国石油 ··063

第六章　2018年有色金属行业节能减排进展 ··065

第一节　总体情况 ··065
　　一、行业发展情况 ··065
　　二、行业节能减排主要特点 ··066
第二节　典型企业节能减排动态 ··068
　　一、铜陵有色 ··068
　　二、自贡硬质合金 ··069

第七章　2018年建材行业节能减排进展 ··070

第一节　总体情况 ··070
　　一、行业发展情况 ··070
　　二、行业节能减排主要特点 ··072
第二节　典型企业节能减排动态 ··073
　　一、蒙娜丽莎集团 ··073
　　二、中国联合水泥河南区 ··074

第八章　2018年电力行业节能减排进展 ··076

第一节　总体情况 ··076
　　一、行业发展情况 ··076
　　二、行业节能减排主要特点 ··078
第二节　典型企业节能减排动态 ··079
　　一、中国大唐集团公司 ··079
　　二、中国华电集团有限公司 ··081

第九章　2018年装备制造业节能减排进展 ··083

第一节　总体情况 ··083
　　一、行业发展情况 ··083
　　二、行业节能减排主要特点 ··085
第二节　典型企业节能减排动态 ··086
　　一、华为集团 ··086

二、中联重科股份有限公司 ··· 088

| 区 域 篇 |

第十章　2018年东部地区工业节能减排进展 ··· 092

第一节　总体情况 ··· 092
一、节能情况 ··· 092
二、主要污染物排放情况 ··· 094
三、碳排放权交易 ··· 094

第二节　结构调整 ··· 095

第三节　技术进步 ··· 096
一、钢铁产品全生命周期评价技术 ··· 096
二、利用预分解窑协同处置城镇污水厂污泥技术 ··· 097
三、石膏基自流平技术 ··· 097

第四节　重点用能企业节能减排管理 ··· 098
一、东岳集团 ··· 098
二、广东科达洁能股份有限公司 ··· 098

第十一章　2018年中部地区工业节能减排进展 ··· 100

第一节　总体情况 ··· 100
一、节能情况 ··· 100
二、主要污染物减排情况 ··· 101
三、碳排放权交易 ··· 101

第二节　结构调整 ··· 102

第三节　技术进步 ··· 103
一、薄型瓷质砖制造技术 ··· 103
二、低介电常数玻璃纤维规模化生产技术 ··· 103
三、超细电子级玻璃纤维纱及超薄玻纤布 ··· 104
四、建筑陶瓷数字化绿色制造成套工艺技术 ··· 104

第四节　重点用能企业节能减排管理 ··· 105
一、太钢不锈 ··· 105
二、河南济源钢铁（集团）有限公司 ··· 106
三、铜陵有色金属集团股份有限公司 ··· 107

第十二章　2018年西部地区工业节能减排进展 ······109

第一节　总体情况 ······109
一、节能情况 ······109
二、主要污染物减排情况 ······110

第二节　结构调整 ······112

第三节　技术进步 ······113
一、卧式循环流化床锅炉技术 ······113
二、人体电压感应节能控制芯片技术 ······114
三、全粒级干法选煤节能技术 ······114

第四节　重点用能企业节能减排管理 ······114
一、柳钢股份 ······115
二、峨胜集团 ······115

第十三章　2018年东北地区工业节能减排进展 ······117

第一节　总体情况 ······117
一、节能情况 ······117
二、主要污染物减排情况 ······118

第二节　结构调整 ······119

第三节　技术进步 ······120
一、永磁式大功率能源装备多机智能调速节能技术 ······120
二、基于菱镁矿高效利用阻燃复合材料绿色制造集成技术 ······120

第四节　重点用能企业节能减排管理 ······121
一、沈阳中科环境 ······121
二、吉林亚泰水泥有限公司 ······122
三、中国一重集团有限公司 ······124

|政　策　篇|

第十四章　2018年中国工业绿色发展政策环境 ······128

第一节　结构调整政策 ······128
一、淘汰落后产能 ······128
二、产业转移与优化空间布局 ······129
三、培育战略性新兴产业与打造绿色制造体系 ······131

第二节 绿色发展技术政策 ·· 132
    一、建设完善绿色标准体系 ·· 132
    二、推广重点节能减排技术 ·· 136
    三、两化融合 ·· 137
第三节 绿色发展经济政策 ·· 137
    一、财政税收政策 ·· 137
    二、价格政策 ·· 137
    三、金融政策 ·· 138

第十五章 2018年中国工业节能减排重点政策解析 ·················· 139

第一节 坚决打好工业和通信业污染防治攻坚战三年行动计划 ·············· 139
    一、发布背景 ·· 139
    二、政策要点及主要目标 ·· 140
    三、政策解析 ·· 141
第二节 新能源汽车动力蓄电池回收利用管理政策 ·························· 142
    一、新能源汽车动力蓄电池进入规模化退役期 ·························· 142
    二、政策密集出台，回收利用管理体系基本建立 ························ 143

热 点 篇

第十六章 绿色园区 ·· 148

    一、绿色园区的内涵 ·· 148
    二、绿色园区创建思路及进展 ·· 149
    三、创建绿色园区的重点任务 ·· 150

第十七章 绿色工厂 ·· 153

    一、绿色工厂的内涵 ·· 153
    二、发展现状和存在的问题 ·· 157
    三、对策与建议 ·· 159

第十八章 绿色供应链 ·· 160

    一、绿色供应链试点蓬勃开展 ·· 160
    二、逐步建立了绿色供应链标准、评价体系和服务平台 ·················· 162

第十九章　绿色产品 ··· 164
一、推广绿色产品具有重要意义 ································· 164
二、绿色设计产品的标准体系不断完善 ····················· 165
三、开展绿色设计产品评价 ··· 165
四、推进绿色设计产品市场化 ····································· 166
五、推广绿色设计产品仍面临挑战 ····························· 166

展 望 篇

第二十章　主要研究机构预测性观点综述 ························· 170
第一节　国际能源署（IEA）：中国将成为碳减排的引领者 ············· 170
第二节　国务院发展研究中心：绿色消费可成为经济增长的新引擎 ··· 171
第三节　社科院城环所：绿色发展改变中国 ············· 172
第四节　E20 研究院：2019 年我国环境产业发展外部环境出现
　　　　四大变化 ··· 174
第五节　中信建投：2019 环保行业预测 ··················· 175
一、去杠杆缩融资改善，政策利好有望带动行情修复 ············· 175
二、PPP 从清库走向规范，政策引导健康高质量发展 ············· 175
三、环保督查紧锣密鼓，强压推动行业规范化发展 ················· 176
四、黑臭治理及村镇环保不达预期，有望成为补短板重要突破口 ··· 176
五、长江环境污染日益严重，大保护势在必行 ······················· 176
六、农村环保：政策叠加，开启千亿市场空间 ······················· 177

第二十一章　2019 年中国工业节能减排领域发展形势展望 ················ 178
第一节　2019 年形势判断 ··· 178
一、单位工业增加值能耗降幅可能收窄，工业污染物排放
　　将继续保持下降 ··· 178
二、四大高载能行业用电量比重持续下降，结构优化成为
　　节能减排的最大动力 ·· 180
三、重点区域环境质量继续改善，中西部地区工业节能形势
　　较为严峻 ·· 180
四、工业绿色发展综合规划深入实施，绿色制造体系建设将
　　取得全面进展 ··· 181

五、节能环保产业政策环境依然较好,但增长态势将由高速降为中高速 ··· 182

第二节　需要关注的几个问题 ··· 183

一、单位工业增加值能耗反弹的可能性在增加 ······················ 183

二、区域节能减排形势更加复杂 ·· 183

三、绿色制造体系建设进入深水区 ······································ 183

四、环境治理措施强化的同时更需细化 ······························· 184

第三节　应采取的对策建议 ·· 184

一、继续强化工业节能的监督和管理 ·································· 184

二、对中西部地区实施差异化的节能减排政策 ····················· 185

三、深入推进绿色制造体系建设 ··· 185

四、优化细化错峰生产配套管理措施 ·································· 185

附录　2018年工业节能减排大事记 ································· 187

后记 ··· 202

综合篇

第一章

2018 年全球工业节能减排发展状况

本章从工业发展、全球能源消费、低碳化进程三个方面对美国、日本、欧盟、新兴经济体等全球主要国家和地区进行了研究。2018 年全球制造业继续保持稳步增长势头,但受保护主义、贸易摩擦等因素影响,增长势头放缓。能源需求出现增长加快趋势,达到 2013 年以来的最快增速。各国积极向清洁能源领域投资。

第一节 工业发展概况

2015 年以来,全球经济一直在缓慢复苏,制造业也呈现出温和、持续复苏趋势,特别是 2017 年,呈现出国际金融危机发生以来较强的复苏势头。2018 年上半年,全球经济延续了 2017 年稳步复苏的势头,下半年受保护主义抬头、贸易摩擦、美联储加息影响,增长势头放缓。从表 1-1 的 2018 年摩根大通全球制造业采购经理指数(PMI)看,2018 年 1—12 月 PMI 均高于 50 的景气荣枯分界线。2018 年 1 月份,PMI 走势延续了 2017 年末的增长态势,达到 2018 年的最高值 54.4,之后逐月小幅下滑,6 月份的 PMI 为 53,既是前半年的最低值,又是后半年的最高值。可以说,逐月小幅下滑是 2018 年全球 PMI 的一个重要特点,这种下滑态势在 11 月企稳,10 月和 11 月的 PMI 均为 52,不过到 12 月又下滑到 51.5,说明世界经济增长态势逐步减弱。

2009—2018 年摩根大通全球制造业 PMI 走势如图 1-1 所示。

表 1-1　2018 年摩根大通全球制造业采购经理指数

月份	1	2	3	4	5	6	7	8	9	10	11	12
PMI	54.4	54.1	53.3	53.5	53.1	53	52.8	52.6	52.2	52	52	51.5

数据来源：wind 数据库，2019 年 1 月。

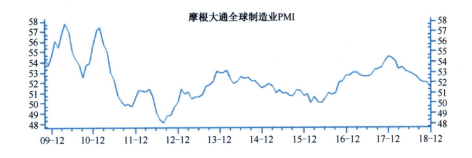

图 1-1　2009—2018 年摩根大通全球制造业 PMI 图

（数据来源：wind 资讯，2019 年 1 月）

一、美国

2016—2018 年，美国经济 GDP 增速分别为 1.6%、2.2% 和 2.9%，保持了稳定的增长势头。制造业 2018 年扩张明显提速，全年制造业 PMI 都在 50 荣枯线之上。从 2018 年开年之时，制造业就继续保持强势的增长态势，PMI 为 59.1，2 月份更是飙升至 60.8，随后几个月在 60 上下小幅波动，及至 8 月达到全年最高点 61.3，这一值也是 14 年来的高位（2004 年 5 月 PMI 为 61.4，之后都低于此值）。这说明美国制造业 2018 年以来一直加速扩张，提速明显。但在 12 月出现了大幅跳水，12 月美国 PMI 明显下滑，创出 2018 年度的新低，月度降幅是 2008 年 10 月以来的最大降幅，这也是 2016 年 12 月以来的最低水平，下滑的原因很可能是中美贸易摩擦产生的高关税，影响了制造商对美国经济未来的信心。

表 1-2 是 2018 年美国供应管理协会（ISM）发布的制造业采购经理指数 PMI，通过调查企业对未来生产、新订单、库存、就业和交货预期等关键指标评估美国经济，PMI 以 50 为临界点，高于 50 说明制造业处于扩张状态，发展势头较好，低于 50 则表明制造业处于萎缩状态。

表 1-2　2018 年美国制造业采购经理指数 PMI

月份	1	2	3	4	5	6	7	8	9	10	11	12
PMI	59.1	60.8	59.3	57.3	58.7	60.2	58.1	61.3	59.8	57.7	59.3	54.1

数据来源：wind 数据库，2019 年 1 月。

二、日本

2017 年日本制造业表现出温和稳定增长态势，这种态势在 2018 年继续保持。2018 年 1 月，PMI 升至 54.8，前值 54。1 月份的 PMI 也是全年的高点，凸显经济近两年不间断扩张，日本制造业信心乐观。2018 年全年 PMI 始终都在 50 荣枯线的上方，最低值 52.2 出现在 11 月份，12 月份升至 52.6。从总体看，2018 年日本制造业数据向好，温和稳定增长是 2018 年的主要特征（见表 1-3）。

表 1-3　2017 年日本制造业采购经理指数

月份	1	2	3	4	5	6	7	8	9	10	11	12
PMI	54.8	54.1	53.1	53.8	52.8	53	52.3	52.5	52.5	52.9	52.2	52.6

数据来源：wind 数据库，2019 年 1 月。

三、欧盟

2018 年，下滑是欧元区制造业 PMI 运行的主要特点（见表 1-4）。2018 年开年之初，PMI 为 59.6，可以说是"昂首起步"，不过这种好的状态并未延续，反而一路下滑，特别是到 12 月 PMI 以 51.4 收尾，这一值也是 2016 年以来 PMI 的新低。虽然 PMI 全年都在 50 荣枯线上方，但整体来看，2018 年欧盟制造业以弱势收尾，表明欧元区经济虽然仍保持稳步增长，但增速已放缓。2018 年欧元区经济体中，德国、法国继续发挥经济龙头和引擎作用，希腊经济经历长期衰退后复苏步伐有所加快。

表 1-4　2018 年欧元区制造业采购经理指数

月份	1	2	3	4	5	6	7	8	9	10	11	12
PMI	59.6	58.6	56.6	56.2	55.5	54.9	55.1	54.6	53.2	52	51.8	51.4

数据来源：wind 数据库，2019 年 1 月。

四、新兴经济体

2018年，新兴经济体中大部分国家实现了不同程度的经济复苏，新兴经济体作为整体来看，仍处于增长加速期。

1. 俄罗斯经济2018年小幅增长

俄罗斯2014年以来，受西方制裁和国际油价大幅波动的影响，经济面临较大的下行压力，尤其2015年经历了严重的经济衰退。近两年，俄罗斯经济逐步恢复，实现小幅增长，2017年增幅为1.4%，2018年1—10月，GDP增长1.7%，据俄罗斯经济部预计，俄罗斯2018年经济增速为2%。从PMI来看，1月到4月，PMI均高于50，2月份最低值为50.2，1月份最高值为52.1。从5月份开始连续四个月低于50，最低值是7月份的48.1。从9月份开始，PMI重新站在了50分界点的上方，全年最高值出现在11月份的52.6，12月份略有下降，以51.7收官。2018年11月28日，普京在莫斯科举行的"俄罗斯在召唤"年度国际投资论坛上表示，俄罗斯适应了外部震荡，并正在为自身内部发展创造条件。

2. 印度经济2018年增长强劲

2018年前三季度，GDP同比增速分别为7.7%、8.2%和7.1%。PMI全年位于50荣枯线上方，最低值出现在3月份，为51，最高值出现在11月份，为54。不过卢比贬值、油价波动也使印度经济增长面临挑战，将导致经济增速放缓。2018年以来，由于美元强劲，印度卢比承压严重，跌幅超过10%。此外，印度严重依赖原油进口，油价上涨对印度经济造成明显制约。此外，印度经济增长没有创造足够的就业机会，"有增长无就业"的困境依然存在，印度经济监测中心报告显示，印度国内失业率已升至6.9%，为两年来最高。

3. 巴西经济2018年明显好转

2018年巴西GDP增速大反转，经济明显好转，投资萎缩状况缓解，一、二、三季度经济同比分别增长1.2%、1.0%和1.3%。PMI除6月份低于50（为49.8）外，其余月份均高于50。全年PMI呈现增长—回落—再增长的态势，从1月份的51.2持续增长到3月份的53.4，之后慢慢回落到6月份的最低值49.5，然后开启再增长模式，到11月和12月，PMI分别为52.7和52.6，全年最高点是3月份的53.4。据Datafolha公司的最新民调显示，65%的受访者认为巴西经济在未来数月内会有更出色的表现。2019年巴西可能面对的主要外部风险是持续收紧的外部金融环境和大宗商品价格波动。

第二节 能源消费状况

2018年7月，BP发布了《BP世界能源统计年鉴》（2018年版）。数据显示，2017年全球能源需求增长2.2%，这是自2013年以来的最快增速，高于过去十年的均值1.7%，增长原因主要是发达国家经济增长的同时，减缓了改善能源强度的努力。

从能源消费结构来看，排在前三位的依然是石油、煤炭和天然气。石油占全球能源消费的34.2%，仍然是主要燃料。全球石油消费平均增长1.8%，连续三年超过十年平均值1.2%，中国和美国是最大的增长来源国。煤炭占全球一次能源消费的比重降至27.6%，保持第二大燃料的地位。煤炭消费量增长1%，是2013年以来首次出现增长，增长来源主要是印度，中国煤炭消费量在2014—2016年连续下滑后有所回升。天然气占一次能源消费比重的23.4%。天然气消费量增长3%，创2010年以来的最快增速，消费量增长主要由中国、中东和欧洲带动。全球核电增长1.1%，核电占全球一次能源消费量的4.4%。水电仅增长0.9%，低于过去十年来2.9%的平均水平，水电发电量占全球一次能源消费量的6.8%。可再生能源发电占比3.6%，再创新高，可再生能源增长的一半来源于风能，三分之一来源于太阳能。2017年的能源消费结构中，天然气是能源消费量增长最大的贡献者，紧随其后的是可再生能源和石油。

从地域来看，2017年全球一次能源消费量合计13511.2百万吨油当量，其中北美洲一次能源消费量2772.8百万吨油当量，占全球一次能源消费量的20.5%；中南美洲一次能源消费量700.6百万吨油当量，占全球能源消费总量的5.2%；欧洲一次能源消费量1969.5百万吨油当量，占全球能源消费总量的14.6%；独联体国家一次能源消费量978百万吨油当量，占全球能源消费总量的7.2%；中东国家一次能源消费量合计897.2百万吨油当量，占全球能源消费总量的6.6%；非洲地区一次能源消费量合计449.5百万吨油当量，占全球能源消费总量的3.3%；亚太地区一次能源消费量合计5743.6百万吨油当量，占全球能源消费总量的42.6%。其中经合组织国家能源消费占全球能源消费比重为41.5%，欧盟地区一次能源消费量合计1689.2百万吨油当量，占全球能源消费总量的12.5%。具体数据见表1-5。

表 1-5　2017 年世界主要国家一次能源消费结构

单位：百万吨油当量

	石油	天然气	煤炭	核能	水电	可再生能源	总计
美国	913.3	635.8	332.1	191.7	67.1	94.8	2234.9
加拿大	108.6	99.5	18.6	21.9	89.8	10.3	348.7
墨西哥	86.8	75.3	13.1	2.5	7.2	4.4	189.3
北美洲总计	1108.6	810.7	363.8	216.1	164.1	109.5	2772.8
阿根廷	31.6	41.7	1.1	1.4	9.4	0.7	85.9
巴西	135.6	33	16.5	3.6	83.6	22.2	294.4
委内瑞拉	24.2	32.4	0.3	—	17.4	—	74.2
中南美洲总计	318.8	149.1	32.7	5.0	162.3	32.6	700.6
德国	119.8	77.5	71.3	17.2	4.5	44.8	335.1
法国	79.7	38.5	9.1	90.1	11.1	9.4	237.9
意大利	60.6	62	9.8	—	8.2	15.5	156
英国	76.3	67.7	9	15.9	1.3	21	191.3
欧洲总计	731.2	457.2	296.4	192.5	130.4	161.8	1969.5
俄罗斯	153.0	365.2	92.3	46	41.5	0.3	698.3
哈萨克斯坦	14.6	14	36.2		2.5	0.1	67.4
独联体国家总计	203.4	494.1	157	65.9	56.7	0.9	978
伊朗	84.6	184.4	0.9	1.6	3.7	0.1	275.4
沙特阿拉伯	172.4	95.8	0.1	—	—	—	268.3
阿联酋	45	62.1	1.6	—	—	0.1	108.7
中东国家总计	420	461.3	8.5	1.6	4.5	1.4	897.2
南非	28.8	3.9	82.2	3.6	0.2	2	120.6
埃及	39.7	48.1	0.2	—	3.0	0.6	91.6
非洲总计	196.3	121.9	93.1	3.6	29.1	5.5	449.5
中国	608.4	206.7	1892.6	56.2	261.5	106.7	3132.2
印度	222.1	46.6	424	8.5	30.7	21.8	753.7
日本	188.3	100.7	120.5	6.6	17.9	22.4	456.4
韩国	129.3	42.4	86.3	33.6	0.7	3.6	295.9
亚太地区总计	1643.4	661.8	2780	111.7	371.6	175.1	5743.6
世界总计	4621.9	3156	3731.5	596.4	918.6	486.8	13511.2

续表

	石油	天然气	煤炭	核能	水电	可再生能源	总计
其中：OECD	2206.8	1442.5	893.4	442.6	314.8	304.9	5605
非OECD	2415.1	1713.5	2838	153.8	603.9	181.9	7906.1
欧盟	645.4	401.4	234.3	187.9	67.8	152.3	1689.2

数据来源：《2018年BP世界能源统计年鉴》。

注：1吨油当量=1.4286吨标准煤。

从具体国家来看，2017年一次能源消费最多的国家依次是中国和美国，两国消费量占世界总量的39.7%。其次是俄罗斯、印度和日本，这3个国家一次能源消费总量占世界总量的14.1%。

中国仍然是世界上最大的能源消费国。2017年一次能源消费为3132.2百万吨油当量，占全球能源消费量的23.2%，占全球能源消费增长的33.6%。2017年中国能源消费增长3.1%，比2016年1.2%的增速提高了1.9个百分点，但仍低于过去十年的平均增速4.4%。能源消费结构持续改进，化石能源消费增长主要由天然气和石油带动，天然气消费增长15%，石油消费增长3.9%，煤炭消费在连续三年下降后出现反弹，增长0.5%。2017年煤炭在能源消费中的占比是60.4%，创历史新低（2016年占比是62%，十年前占比为73.6%）。中国可再生能源消费增长31%，占全球增长的36%，可再生能源消费增长31%，占全球增长的36%，可再生能源消费占全球总量的21.9%。中国太阳能消费增长最快，达76%，其次是生物质能和风能，增速分别为25%和21%。水电增长0.5%，是2012年以来的最低增速。核电增长17%，高于过去十年平均增速15%。

第三节　低碳发展进程分析

一、全球碳排放

根据《2018年BP世界能源统计年鉴》显示，2017年全球二氧化碳排放量为334亿吨，与2016年的330亿吨相比有小幅增加，经历了2014—2016年的低增长或零增长后，全球能源消费所导致的碳排放量增长了1.6%，比过去十年的平均增速1.3%提高了0.3个百分点。

中东国家碳排放增速最高，达2.9%，高于平均值1.3个百分点，其次是欧洲和亚太地区，分别增长2.5%和2.3%。美国碳排放量增速降低0.5%，比过去十年的平均增速高出0.7个百分点。德国碳排放量增长0.1%，比过去十年的平均增速提高1个百分点。俄罗斯碳排放增长1.3%，比过去十年的平均提高1.5

个百分点。印度碳排放增长 4.4%，比过去十年的平均降低 1.6 个百分点。中国碳排放增长 1.6%，增速为过去十年平均增速（3.2%）的一半，2017 年中国碳强度比 2005 年下降约 46%，这与中国能源结构持续优化、化石能源清洁利用、可再生能源的规模化发展有密切相关。

二、多方努力应对气候变化

1. 联合国推动区块链技术应对气候变化

联合国一直研究区块链技术在应对气候变化中的应用，比如利用区块链技术构建透明、高效的系统，解决碳排放监测、清洁能源交易及资金分配等问题。2018 年 1 月，联合国气候变化框架公约秘书处发起并促成了"气候链联盟"的成立。该联盟现有 32 个成员，联盟的宗旨与实现《巴黎协定》的长期目标保持一致，致力于利用区块链技术提出更好的气候变化解决方案。"气候链联盟"发布公告称："气候链联盟将推动分布式账本技术解决方案的应用，通过加强在气候领域里的合作行动应对气候变化问题，包括但不限于各种测量、报告和验证各种干预措施造成的影响"。

2. 中国首次发布气候变化蓝皮书

2018 年 4 月，中国发布 2018 年《中国气候变化蓝皮书》，这是中国第一次发布气候变化蓝皮书。蓝皮书对全球和中国的气候变化情况进行了全面展示。首先，全球变暖趋势仍在持续，2017 年，全球表面平均温度比 1981—2010 年平均值高出 0.46℃，比工业化前水平（1850—1900 年平均值）高出约 1.1℃，为有完整气象观测记录以来的第二暖年份，也是有完整气象观测记录以来最暖的非厄尔尼诺年份。其次，中国是全球气候变化的敏感区和影响显著区，1951—2017 年，中国地表年平均气温平均每 10 年升高 0.24℃，升温率高于同期全球平均水平。1961—2017 年，北方地区平均沙尘天数呈明显减少趋势，平均每 10 年减少 3.6 天。

3. 中挪将共建北极气候监测—预测平台

在全球变暖影响下，北极海冰快速消融，并进一步加速变暖。在此背景下，由挪威南森环境与遥感中心（NERSC）、挪威卑尔根大学（UoB）、联合研究中心（Uni）、北京大学（PKU）、南京大学（NJU）和中国科学院大气物理研究所共同创建成立的"竺可桢—南森国际研究中心"（竺南中心），将在北极气候研究等领域进一步加强合作，共建北极气候监测—预测平台。双方通过合作，加强北极多要素（冰雪、水文、气象等）综合观测数据共享，发展气候预测系统。预计平台建成后，我国对北极气候和环境变化的认知能力将得到极大提升，对北极海冰的预测能力会进一步增强，丝绸之路建设、未来北极资源开发与航道利用有坚实的科学保障。

4. 德国明确不再推迟 2020 年气候目标

2018 年 1 月，德国总理默克尔和社会民主党马丁·舒尔茨最终达成了协议。根据协议，德国明确不再推迟 2020 年的气候目标，加快可再生能源的大规模生产，开始逐步取消煤炭发电。同时制定了保证 2030 年能源目标实现的措施：制定减少并终止煤炭发电的计划步骤和最终日期；对煤矿生产地区的结构性变革给予联邦资助；在 2018—2021 年期间，投入 150 万欧元用于"地区结构性政策和结构性转型的煤炭政策"中；制定环境保护法，确保达到 2030 年气候目标（该法案将在 2019 年通过）；在 2030 年之前，将可再生能源比例提升到 65%（之前政府的目标是在 2030 年之前达到 50%，在 2040 年之前达到 65%）；"大力增加可再生能源的比例，满足交通、建筑，以及工业方面的额外用电需求，以达到气候目标"；举办竞标会，在 2019 年和 2020 年建立四家 10 亿瓦特的离岸风力发电厂、10 亿瓦特的太阳能发电厂及海上发电厂，减少 800 万吨~1000 万吨二氧化碳温室气体的排放，以促进 2020 年目标的达成；通过其他措施，扩大发展现代化能源网络（推动电力网络扩大的法律）；推动储存科技相关行业的大力发展；发展现代化热电一体行业；利用农业发展，保护气候。

5.《中欧领导人气候变化和清洁能源联合声明》

2018 年 7 月 16 日，《中欧领导人气候变化和清洁能源联合声明》在北京发布。该声明共十六条，重点推进三个方面。

第一，推进《联合国气候变化框架公约》进程。中欧双方将按照《巴黎协定》安排，在 2020 年前提交温室气体低排放长期发展战略。

第二，在其他多边领域的合作，包括通过可持续的投资和绿色金融，推动经济向低碳和气候适应型经济转型；中欧双方将与其他各方，共同推动削减氢氟碳化物的《蒙特利尔议定书基加利修正案》得到批准；中欧双方将加强在国际民航组织和国际海事组织下的合作，以确保航空业和海运业为应对气候变化做出贡献。

第三，推动双边务实合作。合作领域包括以下领域：长期温室气体低排放发展战略、碳排放交易、能源效率、清洁能源、低排放交通、低碳城市合作、应对气候变化相关技术合作、气候和清洁能源项目投资、与其他发展中国家开展合作。

6. 2018 年联合国气候变化谈判在泰国首都曼谷闭幕

2018 年 9 月 9 日，联合国气候变化曼谷谈判在泰国首都曼谷闭幕。这次会议是为年底的波兰卡托维兹联合国气候变化大会做准备的。此次会议共有 178 个缔约方和 140 个非政府组织参加。《联合国气候变化框架公约》秘书处执行秘书帕特里夏·埃斯皮诺萨表示，此次会议在应对气候变化的相关议题上取得了一定进展，但程度不一，各方还需在未来数周加快谈判进度。

7. "气候变化全球行动"在美国旧金山启动

2018 年 9 月，在美国旧金山举行的 2018 年全球气候行动峰会的中国角系列活动中，中国气候变化事务特别代表解振华、老牛基金会创始人牛根生、万科公益基金会理事长王石、清华大学气候变化与可持续发展研究院常务副院长李政等代表中国慈善家、基金会、大学研究部门、社会公益机构共同启动"气候变化全球行动"，会议上宣读了"气候变化全球行动"倡议。

8. 联合国气候变化大会在波兰卡托维兹举行

2018 年 12 月，在波兰卡托维兹举行了联合国气候变化大会。全球能源互联网发展合作组织是由中国发起成立的，这一组织与联合国气候变化框架公约秘书处联合举办"建设全球能源互联网促进《巴黎协定》全面实施"的主题活动，期间发布了《全球能源互联网促进<巴黎协定>实施行动计划》。该计划全面对接《巴黎协定》的主要议题，从发展形势、减排方案、对接思路、各洲行动、治理机制五个方面提出全球能源互联网促进《巴黎协定》实施的系统方案。

9. 中国发布《中国应对气候变化的政策与行动 2018 年度报告》

2018 年 12 月，中国发布《中国应对气候变化的政策与行动 2018 年度报告》，报告显示，2017 年中国单位国内生产总值（GDP）二氧化碳排放（以下简称"碳强度"）比 2005 年下降约 46%，已超过 2020 年碳强度下降 40%~45% 的目标，碳排放快速增长的局面得到初步扭转。可再生能源已经占到一次能源比重的 13.8%，中国成为世界上发展可再生能源规模最大的国家。森林蓄积量已经增加了 21 亿立方米，超额完成了 2020 年的目标。

10. 英国正在考虑将气候变化风险引入银行业压力测试

据英国央行行长马克·卡尼介绍,英国计划将气候变化带来的风险加入英国银行业的"探索性情景测试",这一计划最早将于2019年实施。"探索性情景测试"由英国央行在 2017 年引入,每两年举行一次,下一次测试将安排在 2019 年。在金融业压力测试中加入"气候变化"元素,对于英国来说尚属首次。此前,英国央行曾发布过一份关于气候变化风险对英国保险业影响的报告。

11. 巴西利用生物质发电减少二氧化碳排放

巴西生物质发电的主要原料是甘蔗,发电输送到国家电网。2018 年 1—8 月,巴西总生物量已达到 17291GWh,生物质发电比上年增长 11%。前八个月巴西的生物质发电量已经超过了2017年全年的燃煤发电总量。用于发电的甘蔗生物量主要在巴西甘蔗收获期间可用,大部分甘蔗生物质都可以在 4 月至 8 月之间使用。8 月份,巴西 7.4%的总发电量来自甘蔗生物质,与 6 月份相当,7 月份峰值水平时占全国总发电量的 7.8%。

三、清洁能源发展情况

1. 2018 年全球清洁能源投资连续第五年超过 3000 亿美元

根据彭博新能源财经公布的数据,2018 年,全球清洁能源领域的总投资额为 3331 亿美元,比 2017 年的 3617 亿美元下降了 7%,但这是清洁能源投资连续第五年超过 3000 亿美元。绝大多数清洁能源技术的投资在 2018 年都有所增加。生物质和废物转化为能源等小型技术投资增加了18%,达到63亿美元;生物燃料投资增加了 47%,达到 30 亿美元;地热投资增加了 10%,达到 18 亿美元;海洋投资增加了 16%,达到 1.8 亿美元。另一方面,小水电投资减少了 50%,降至 17 亿美元。2018 年风电投资增长了 3%,其中,海上风电投资增加了 14%,达到 257 亿美元,陆上风电投资增加了 2%,投资总额达到了 1008 亿美元。中国是其中最大的投资贡献国家,2018 年中国新建了 13 座海上风电场,总投资约 114 亿美元,在全球占比最高。2018 年清洁能源投资下降最多的是太阳能行业,总体投资下降24%,降至1308亿美元。减少的部分原因是技术进步,还有一部分原因是中国的政策变化,全球市场太阳能光伏组件供过于求。中国的太阳能投资 2018 年下降 53%,降到 404 亿美元。欧美国家清洁能源投资大幅提高,主要是由于欧洲沿海地区的风能投资增长,以及高科技企业可再生能源投资项目的扩张(见表 1-6)。

表 1-6 2018 年世界主要国家和地区清洁能源投资数据

国家（地区）	清洁能源投资额（亿美元）	比 2017 年
全球	3331	-7%
中国	1001	-32%
美国	642	12%
欧洲	745	27%
日本	272	-16%
印度	111	-21%
英国	104	1%
德国	105	-32%
澳大利亚	95	6%
西班牙	78	700%
荷兰	56	60%

数据来源：彭博新能源财经，2019 年 1 月。

2. 风能成为印度最便宜的清洁能源来源

印度的风力发电运营已经超过三十年，2017 年 3 月底排名世界第四，装机容量超过 31 吉瓦。古吉拉特邦、泰米尔纳德邦、卡纳塔克邦、马哈拉施特拉邦、拉贾斯坦邦等是主要的风电应用地区。风能价格的急剧下降，使其与太阳能发电相比具有竞争力，且成为比煤电更便宜的可再生能源。

3. 中国印发了《清洁能源消纳行动计划（2018—2020 年）》

2018 年中国国家发展改革委、国家能源局印发了《清洁能源消纳行动计划（2018—2020 年）》(以下简称《行动计划》)。《行动计划》提出"2018 年，清洁能源消纳取得显著成效；到 2020 年，基本解决清洁能源消纳问题"的总体目标。为确保实现消纳目标，《行动计划》从 7 个方面提出了 28 项具体措施：一是从清洁能源发展规划、投产进度、煤电有序清洁发展等方面优化电源布局，合理控制电源开发节奏。二是从完善电力中长期交易、扩大清洁能源跨省区市场交易、统筹推进电力现货市场建设、全面推进辅助服务补偿（市场）机制建设等方面加快电力市场化改革，发挥市场调节功能。三是从可再生能源电力配额制度、非水可再生能源电价政策、清洁能源优先发电制度、可再生能源法修订等方面加强宏观政策引导，形成有利于清洁能源消纳的体制机制。四是从火电灵活性改造、火电最小技术出力率和最小开机方式核定、燃煤自备电厂调峰、可再生能源功率预测等方面深挖电源侧调峰潜力，全面提升电力系统调节能力。五是从电网汇集和外送清洁能源能力提升、提高存量跨省区输电通道可再生能源输送比例、城乡配电网建设和智能化升级、多种能源联合调度、电力系统运行安全管理与风险管控等方面完善电网基础设施，充分发挥电网资源配置平台作用。六是从推行优先利用清洁能源的绿色消费模式、推动可再生能源就近高效利用、优化储能技术发展方式、推进北方地区冬季清洁取暖、推动电力需求侧响应规模化发展等方面促进源网荷储互动，积极推进电力消费方式变革。七是从强化清洁能源消纳目标考核、建立信息公开和报送机制、加强监管督查等方面落实责任主体，提高消纳考核及监管水平。

4. 挪威国家电力计划在 2019—2025 年投资清洁能源 85 亿元人民币

挪威国有能源供应商国家电力公布了一项新计划，即在 2019—2025 年，大力投资风能和太阳能，通过 100 亿挪威克朗（约合人民币 85 亿元）投资计划，到 2025 年实现 6 吉瓦的陆上风电和 2 吉瓦的太阳能容量。挪威国家电力表示，"大部分容量增长将来自欧洲，另外南美和印度的市场将大幅增长。"预计在挪威的投资占总投资的 26%，而其他欧洲国家和欧洲以外的投资分别占 42% 和 32%。挪威国家电力是最早投资太阳能的传统电力生产商之一，2010 年在意大利建设了一座 3.3 兆瓦的太阳能发电厂。目前，公司拥有 335 个水电、风电和燃气发电设施，总装机容量为 19.08 吉瓦，拥有 17 个区域供热厂的股份，装机容量为 789 兆瓦，在 16 个国家开展业务。

5. 巴西风电成为电力供应的后起之秀

2010 年，巴西开始试验风力发电，经过几年发展，目前风电年均增速超过 20%。在巴西电力供应结构中，水电一家独大，居于第二位的是生物质能发电，占比 9.2% 左右，风电占比 8.5% 左右，居第三。据巴西风电协会预计，最迟到 2020 年，风力发电可望成为巴西第二大电力来源。

6. 苹果公司在中国推出首个投资基金鼓励供应商发展清洁能源

苹果公司于 2018 年 7 月 13 日宣布在中国推出首个投资基金，鼓励供应商发展清洁能源。根据这项计划，未来 4 年，苹果公司将联合 10 家率先加入该基金的供应商，共同投资近 3 亿美元，开发总计超过 1 千兆瓦的可再生能源，相当于近 100 万个家庭的用电量。这 10 家公司分别是：可成科技、仁宝电脑、康宁公司、金箭、捷普、立讯精密、和硕、索尔维、信维通信、纬创。中国清洁能源基金将由第三方机构 DWS 集团进行管理，DWS 集团是德意志银行的子公司。

7. 德国提高23%的环保预算支出

德国政府宣布，计划从2018年开始，要大幅增加环保预算支出。2018年的环保预算支出额与2017年相比将增加3.71亿欧元，增幅达到23%。据德国联邦外贸与投资署公布的数据，预计未来几年，德国环保技术领域的投资将持续增加。2016年环保技术市场占德国GDP的15%，预计到2025年这一比例将上升至19%。循环经济和可持续水处理行业预计将以每年5%的速度增长，到2025年将达到1100亿欧元的市场总量。

8. 加州成为美国第一个通过太阳能强制令的州

加州成为全美第一个强制在大多数新建房屋屋顶上安装太阳能系统的州。太阳能强制令于2020年1月1日起生效。新的太阳能强制令适用于大多数住宅和公寓，最高可达三层楼。新规对于被树木或建筑物遮蔽的建筑，以及屋顶没有足够空间安装的住宅，提供了替代或豁免方案。目前全加州范围内的独户建筑中，只有15%~20%安装了太阳能系统。

9. 中东国家积极向清洁能源转型

2018年1月，阿联酋公布了2050年能源战略投资计划，战略目的是在经济和环境平衡发展的前提下，发展能源产业。根据该战略，到2050年，在阿联酋的能源结构中，可再生能源将占44%、天然气占38%、清洁化石能源占12%、核能占6%。该战略预计，未来30年阿联酋能源需求年均增长6%，清洁能源占比从目前的25%提高至50%，减少发电碳排放量70%，整体能源使用率提升40%。阿曼计划到2025年，通过实施一系列太阳能和风力发电项目，发电量将达2500兆瓦至3000兆瓦，在能源结构中占比将达10%。同时阿曼还计划筹建国内首个规模型太阳能独立发电项目，装机容量达到500兆瓦，满足3.3万户家庭的用电需求，每年减少34万吨二氧化碳排放。沙特计划在2020年实现3.45吉瓦的可再生能源装机，占全国发电量的4%；到2023年可再生能源装机目标达到9.5吉瓦，占总发电量的10%。

第二章

2018年中国工业节能减排发展状况

第一节 工业发展概况

一、总体发展情况

2018年，我国经济运行保持在合理区间，稳中有进态势持续发展，经初步核算，全年全国GDP达到900309亿元，同比增长6.6%。

2018年，规模以上工业增加值增长6.2%，继续运行在合理区间（见图2-1），多数行业保持增长态势，六成工业产品产量实现增长，工业产品出口增长平稳。

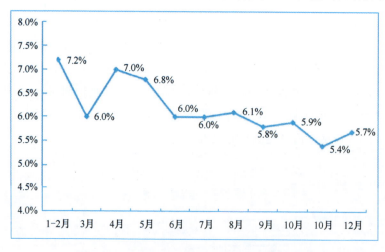

图2-1　2018年规模以上工业增加值同比增速

（数据来源：国家统计局，2018年12月）

产业结构继续优化，战略性新兴产业、高技术产业和装备制造业增长较快，全年规模以上工业中，战略性新兴产业增加值比上年增长 8.9%，高技术制造业增加值增长 11.7%，装备制造业增加值增长 8.1%。

工业企业总体效益持续改善。全年规模以上工业企业实现利润总额 66351 亿元，同比增长 10.3%。全年规模以上工业企业主营业务收入利润率为 6.49%，比上年提高 0.11 个百分点。41 个工业大类行业中，32 个行业利润总额同比增加，其中，石油开采、钢铁、建材、化工、酒、饮料和精制茶制造业合计对规模以上工业企业利润增长的贡献率为 77.1%。

二、重点行业发展情况

2018 年，我国工业发展总体平稳、稳中有进，高质量发展扎实推进。工业生产结构继续优化，高技术产业、战略性新兴产业和装备制造业增长较快，多数行业和半数以上产品保持增长态势。

1. 钢铁行业

随着供给侧结构性改革的不断深入，2018 年钢铁行业运行总体呈持续向好的发展态势。粗钢产量持续增长，全国粗钢产量 92826.4 万吨，同比增长 6.6%，创合规产量统计的历史新高。企业效益持续向好，钢铁行业实现利润 4704 亿元。随着钢铁去产能、取缔"地条钢"工作的持续推进，劣币驱逐良币的现象得到了根本性扭转，钢材出口量逐年下降，并出现量降价升的态势。

2. 有色金属行业

2018 年，国内有色金属行业生产总体保持平稳，十种有色金属产量 5687.9 万吨，同比增长 6%。铜材产量 1715.5 万吨，同比增长 14.5%；铝材产量 4554.6 万吨，同比增长 2.6%。主要金属产品价格高位震荡回落，铜、铅现货均价同比分别上涨 2.9%、4.1%，涨幅同比回落 26 个和 22 个百分点，铝、锌现货均价同比下降 1.8%、1.7%。受生产成本上涨等因素影响，行业利润同比出现回落，规模以上有色金属企业主营业务收入 54289 亿元，同比增长 8.8%；实现利润 1855 亿元，同比下降 6.1%。

3. 石化化工行业

2018 年，石化化工行业生产总体平稳，增加值同比增长 4.6%。主营业务收入 12.40 万亿元，同比增长 15.0%。全国主要化学品总产量同比增长约 2.3%，全国乙烯产量 1841.0 万吨，同比增长 1.0%；甲醇产量 4756 万吨，同比增长 2.9%。价格持续增长，石油和化学工业价格总体水平保持较强涨势，化学原料和化学品制造价格指数同比增长 6.2%。效益保持良好态势，全行业利润总额增速超过 30%。

4. 建材行业

2018 年，建材行业总体运行平稳，保持了稳中向好发展态势，全行业增加值同比增长 4.3%。主要产品产量小幅增长，其中，水泥和平板玻璃产量分别为 21.8 亿吨、8.7 亿重量箱，同比分别增长 3.0%、2.1%。全行业经济效益大幅提升，规模以上的建材企业实现主营业务收入 4.8 万亿元，同比增长 15%。其中，水泥价格全年高位运行，该行业创造了利润历史最高水平，主营业务和利润同比分别增长 25%和 114%。平板玻璃主营业务收入 761 亿元，同比增长 7.2%，利润 116 亿元，同比增长 29%。产业集中度不断提升，其中，前 10 家水泥企业（集团）熟料产能集中度已达 64%。

5. 消费品行业

消费品工业增长稳中趋缓，深入推进"增品种、提品质、创品牌"专项行动，中高端消费品供给水平稳步提升。2018 年，轻工业行业运行总体稳定，工业增加值增长 5.6%；行业效益保持增长，规模以上企业实现主营业务收入 19.57 万亿元，同比增长 5.97%；行业利润总额 1.28 万亿元，同比增长 5.91%；行业利润率 6.56%，与上年持平。纺织行业工业增加值同比增长 9.5%，全国规模以上纺织企业主营业务收入 53703.5 亿元，同比增长 2.9%；实现利润总额 2766.1 亿元，同比增长 8.0%。食品工业规模以上工业增加值同比增长 6.3%，企业效益得到改善，规模以上企业实现主营业务收入 90194.3 亿元，比上年增长 5.3%；实现利润总额 6694.4 亿元，比上年增长 8.4%。医药行业工业增加值同比增长 9.7%，主营业务收入 25840 亿元，同比增长 12.7%；实现利润 3364.5 亿元，同比增长 10.9%。

6. 装备制造业

2018 年，装备制造业实现平稳增长，行业工业增加值增长 8.1%，占规模以上工业增加值的比重为 32.9%。其中，专用设备制造业、通用设备制造业、电气机械和器材制造业分别增长 10.9%、7.2%、7.3%，企业利润出现分化，上述三个子行业利润总额分别为 2526.9 亿元、2035.1 亿元、3758 亿元，分别较上年增长 7.3%、15.8%、1%。

7. 电子信息制造业

2018年，全年规模以上电子信息制造业增加值同比增长13.1%，增速快于全部规模以上工业增速6.9个百分点，工业增加值增速在各行业中保持领先水平。规模以上电子信息制造业主营业务收入同比增长9.0%，受成本上升、价格回落等因素影响，行业利润同比下降3.1%。

第二节 工业能源资源消费状况

一、能源消费情况

经初步核算，我国2018年全年能源消费总量为46.4亿吨标准煤，比上年增长3.3%。能源消费结构不断绿色低碳化，其中，煤炭消费量仅增长1%，占能源消费总量的59%，较上年下降1.4个百分点；各类清洁能源消费量占能源消费总量的22.1%。其中，天然气消费量大幅增长，较上年增长17.7%。

全社会用电增速同比提高，全国全社会用电量68449亿千瓦时，同比增长8.5%。分产业来看，第一产业用电量728亿千瓦时，同比增长9.8%；第二产业用电量47235亿千瓦时，同比增长7.2%；第三产业用电量10801亿千瓦时，同比增长12.7%。工业和制造业用电量平稳增长，1—11月份，全国工业用电量41983亿千瓦时，同比增长7.0%，占全社会用电量的比重为67.5%，全国制造业用电量31607亿千瓦时，同比增长7.2%。

二、资源消费情况

（一）水资源消费情况

2018年，我国水资源总量为27960亿立方米，全年总用水量6110亿立方米，比上年增长1.1%。万元国内生产总值用水量为73立方米，比上年下降5.1%。工业用水总量1285亿立方米，比上年增长0.6%，万元工业增加值用水量为45立方米，比上年下降5.2%。"十三五"以来，我国积极推动工业节水工作，提高工业用水效率。实施水效"领跑者"引领行动，确定钢铁、纺织和造纸等行业11家企业为首批重点用水企业水效领跑者，推动用水企业水效对标达标，公告《国家鼓励的工业节水工艺、技术和装备目录（第二批）》共72项节水技术，制定工业企业产品取水定额标准，基本涵盖了主要工业行业，组织工业节水技术专项交流，积极推广节水技术产品，推进海水淡化利用。

（二）矿产资源消费情况

2018年，全国原煤产量35.46亿吨，同比增长5.2%；进口煤炭28123.2万吨，同比增长3.9%；煤炭消费量增长1.0%。原油产量1.89亿吨，比上年减少1.3%，全年石油表观消费量约为6.25亿吨，比上年增长7%。天然气产量1610.2亿立方米，较上年增长7.5%，表观消费量2803亿立方米，同比增长18.1%。铁矿石产量7.63亿吨，较上年减少3.1%，铁矿石市场运行稳定，价格处于合理区间，全年价格指数保持在220~280之间。全国黄金产量401.12吨，同比减少5.87%，实际消费量1151.43吨，同比增长5.73%，产量和消费量连续6年保持全球第一（见表2-1）。

表2-1 2018年我国主要矿产品及制品累计产量及增长速度

产品名称	单位	产量	比上年增长（%）
原煤	亿吨	35.46	5.2
原油	亿吨	1.89	-1.3
天然气	亿立方米	1610.2	7.5
粗钢	亿吨	9.28	6.6
铁矿石	亿吨	7.63	-3.1
黄金	吨	401.12	-5.87
十种有色金属	万吨	5687.9	6.0
磷矿石	万吨	9632.6	5.8
原盐	万吨	5836.2	-1.9
水泥	亿吨	21.77	3.0
平板玻璃	万重量箱	86863.5	2.1

数据来源：国家统计局，2018年12月。

第三节 工业节能减排状况

一、工业节能进展

"十三五"以来，我国不断深化绿色发展理念，持续推动工业节能工作。一是加强工业节能监察，发布《工业节能管理办法》，组织实施国家重大工业专项节能监察，实现了钢铁、水泥、平板玻璃等重点高耗能行业全覆盖，通过加强标准贯彻落实，推动构建统一公平的市场竞争环境。二是实施能效领跑者制度，遴选发布年度钢铁、电解铝等重点用能行业能效"领跑者"企业名单。

三是推动信息通信业绿色发展,发布《关于加强"十三五"信息通信业节能减排工作的指导意见》,推动信息通信业资源能源利用效率提升,充分应用信息通信技术带动全社会节能减排;推进绿色数据中心建设,发布第一批49家国家绿色数据中心,遴选形成第二批绿色数据中心先进适用技术产品目录。四是推进实施工业领域煤炭清洁高效利用行动计划,组织8个重点用煤城市开展工业领域煤炭高效清洁利用试点工作。2018年,全国万元国内生产总值能耗下降3.1%,规模以上工业单位增加值能耗同比下降3.7%。

(一)工业结构继续优化,高耗能行业用电量增长低于工业平均水平

2018年,规模以上工业企业中,高技术制造业、装备制造业、战略性新兴产业的增加值增长速度都保持比较快的增长,新旧动能转换保持较快速度。从1—11月份用电量来看,四大高耗能行业用电量平稳增长,但低于工业用电量增长,化学原料制品、非金属矿物制品、黑色金属冶炼和有色金属冶炼四大高耗能行业用电量合计17450亿千瓦时,同比增长6.0%,低于全国工业用电量增速。

(二)绿色技术加快推广,重点产品单耗持续下降

干熄焦、高炉炉顶压差发电、烧结余热发电等技术已在钢铁行业普及,烧结烟气循环工艺得到推广。电解铝预焙铝电解槽电流强化与高效节能综合技术、新型结构铝电解槽技术、低温低电压铝电解新技术能耗水平已进入世界先进行列。单位产品能耗多数下降,经初步统计,重点耗能工业企业单位烧碱综合能耗下降0.5%,单位合成氨综合能耗下降0.7%,吨钢综合能耗下降3.3%,单位铜冶炼综合能耗下降4.7%,每千瓦时火力发电标准煤耗下降0.7%。

(三)工业节能和绿色发展管理及标准化水平不断提升

通过持续深入推进绿色制造体系构建,形成了统筹协调、职责明晰、上下联动的工业绿色发展管理机制,协同推进绿色工厂、绿色园区、绿色产品、绿色供应链创建工作。加强工业节能监察,根据《工业节能管理办法》组织实施国家重大工业专项节能监察,实现钢铁、水泥、平板玻璃等重点高耗能行业全覆盖,通过加强标准贯彻落实,推动构建统一公平的市场竞争环境。全面启动工业节能与绿色发展标准化行动计划,发布绿色产品、绿色工厂、绿色园区和绿色供应链相关标准,集中研究制修订了一批工业节能与绿色发展重点标准。

二、工业领域主要污染物排放

"十三五"以来,我国大力推行重点区域和行业清洁生产。一是制定《关于加强长江经济带工业绿色发展的指导意见》,优化工业布局,调整产业结构,引导产业转移,加快工业节水减污改造,推进长江流域47个危险化学品生产企业搬迁改造。二是加强京津冀及周边地区秋冬季大气污染防治,组织开展专项督导调研,指导和督促"2+26"城市落实工业企业错峰生产、取缔地条钢等工作。三是实施重点行业挥发性有机物削减行动计划,推动石油化工、涂料等11个重点行业挥发性有机物削减。四是限制电器电子和汽车产品使用有毒有害物质,研究制定《电器电子产品有害物质限制使用达标管理目录》《达标管理目录限用物质应用例外清单》,推动建立电器电子产品有害物质使用合格评定制度;落实《汽车有害物质和可回收利用率管理要求》,公布三批符合性情况名单。五是推行水污染防治重点行业清洁生产技术方案,指导地方在造纸等11个重点行业实施清洁生产技术改造。钢铁、有色等重点行业清洁生产水平不断提高。

(一)工业废水及污染物排放治理情况

2018年,全国废水排放总量为699.7亿吨,比上年减少1.6%。废水中化学需氧量和氨氮排放量分别为1021.97万吨、139.51万吨,分别比上年减少2.3%和1.6%。目前我国工业废水排出以后基本进入城市污水管道,在城市污水处理厂进行处理。2018年,我国治理工业废水项目完成投资76.4亿元,93%的省级及以上工业集聚区建成污水集中处理设施,新增工业集散区污水处理能力近1000万立方米/日,截至2018年末全国城市污水处理能力达1.57亿立方米/日。工业废水处理项目主要集中在浙江、江苏、广东等经济水平高和水资源丰富的沿海城市,东北和中西部地区项目较少,一些二线城市和中小城市的工业废水处理率仍处于较低的状态,仍有较大的提升空间。

(二)工业废气及污染物排放治理情况

2018年,全国二氧化硫、氮氧化物、烟(粉)尘排放量分别为875.4万吨、1258.9万吨、796.3万吨,较上年分别减少20.6%、9.7%、21.2%。截至2018年年底,我国治理工业废气项目完成投资446.3亿元。

2018年,空气质量方面,全国338个地级及以上城市平均优良天数比例为79.3%,同比上升1.3个百分点;PM2.5浓度为39微克/立方米,同比下降

9.3%；PM10 浓度为 71 微克/立方米，同比下降 5.3%。其中，京津冀及周边地区"2+26"城市平均优良天数比例为 50.5%，同比上升 1.2 个百分点；PM2.5 浓度为 60 微克/立方米，同比下降 11.8%。长三角地区 41 个城市平均优良天数比例为 74.1%，同比上升 2.5 个百分点；PM2.5 浓度为 44 微克/立方米，同比下降 10.2%。汾渭平原 11 个城市平均优良天数比例为 54.3%，同比上升 2.2 个百分点；PM2.5 浓度为 58 微克/立方米，同比下降 10.8%（见表 2-2）。

表 2-2　2018 年三大重点区域主要污染物排放情况

污染物种类	京津冀及周边地区		长三角地区		汾渭平原	
	平均浓度 μg/m³	变化率 %	平均浓度 μg/m³	变化率 %	平均浓度 μg/m³	变化率 %
$PM_{2.5}$	60	-11.8	44	-10.2	58	-10.8

数据来源：赛迪智库根据公开资料整理。

三、工业资源综合利用情况

"十三五"以来，我国持续推动工业资源综合利用。一是加快推动工业资源综合利用基地建设，总结推广第一批 12 个基地的建设经验。积极推动贵州省水泥窑协同处置试点建设，总结试点工作经验，探索建立水泥窑协同处置固体废物的长效机制。二是加快新能源汽车动力蓄电池回收利用体系建设。制定《新能源汽车动力蓄电池回收利用管理暂行办法》，推动重点地区和企业启动回收利用试点。加快推动溯源管理，组织开发新能源汽车国家监测与动力蓄电池回收利用溯源综合管理平台，推进动力蓄电池回收利用标准体系建设。三是积极推进生产者责任延伸试点。评估第一批 17 家电器电子产品生产者责任延伸试点单位实施效果，总结推广典型经验和成功模式。四是发布《关于做好长江经济带固体废物大排查的通知》，开展沿江 11 省市工业固体废物综合利用排查工作，推动长江经济带工业资源综合利用产业绿色发展。

（一）大宗工业固废综合利用情况

根据《2018 年全国大、中城市固体废物污染环境防治年报》，全国共 202 个大、中城市向社会发布了 2018 年固体废物污染环境防治信息，数据显示，2018 年，202 个城市的一般工业固体废物产生量为 13.1 亿吨，其中，综合利用量 7.7 亿吨（部分城市一般工业固体废物利用量包含了对往年储存量的利用），处置量 3.1 亿吨，储存量 7.3 亿吨，倾倒丢弃量 9.0 万吨。一般工业固体废物综合利用量占利用处置总量的42.5%，处置和储存分别占比17.1%和40.3%，综合利用仍然是处理一般工业固体废物的主要途径。

2018年，202个大、中城市工业危险废物产生量为4010.1万吨，综合利用量2078.9万吨（部分城市工业危险废物利用量包含了对往年储存量的利用），处置量1740.9万吨，储存量457.3万吨。工业危险废物综合利用量占利用处置总量的48.6%，处置、储存分别占比40.7%和10.7%，有效利用和处置是处理工业危险废物的主要途径。

2018年，重点调查的工业企业尾矿产生量为8.9亿吨，综合利用量为2.4亿吨，综合利用率为27%，见表2-3，尾矿产生量最大的两个行业是有色金属矿采选业和黑色金属矿采选业，其产生量分别为4.0亿吨和3.8亿吨，综合利用率分别为19.5%和29.0%。煤矸石产生量为3.3亿吨，综合利用量为1.8亿吨，综合利用率53.1%，煤矸石主要是由煤炭开采和洗选业产生，其产生量为3.2亿吨，综合利用率为52.0%。粉煤灰产生量4.9亿吨，综合利用量3.8亿吨，综合利用率76.8%，粉煤灰产生量最大的行业是电力、热力生产和供应业，其产量为4.2亿吨，综合利用率为77.3%。冶炼废渣产生量为3.5亿吨，综合利用量为3.1亿吨，综合利用率为89.1%，冶炼废渣产生量最大的行业是黑色金属冶炼和压延加工业，其产生量为3.0亿吨，综合利用率为93%。炉渣产生量为2.9亿吨，综合利用量为2.2亿吨，综合利用率74.8%，炉渣产生量最大的行业是电力、热力生产和供应业，其产生量是1.5亿吨，综合利用率为74%。脱硫石膏产生量为1.0亿吨，综合利用量为7948.6万吨，综合利用率为75.7%，脱硫石膏产生量最大的行业是电力、热力生产和供应业，其产生量为8488.5万吨，综合利用率为76.7%。

表2-3 重点发表调查工业企业大宗工业固体废物综合利用情况

（产生量、综合利用量单位：亿吨。脱硫石膏综合利用量：万吨）

种类	产生量	综合利用量	综合利用率（%）
尾矿	8.9	2.4	27
煤矸石	3.3	1.8	53.1
粉煤灰	4.9	3.8	76.8
冶炼废渣	3.5	3.1	89.1
炉渣	2.9	2.2	74.8
脱硫石膏	1.0	7948.6	75.7

数据来源：《2018年全国大中城市固体废物污染环境防治年报》。

（二）加大培育再生资源行业骨干企业，资源回收量价齐升

"十三五"以来，我国发布了符合废钢铁加工等综合利用规范条件，支持52家再生资源利用骨干企业规范发展，做大做强。发布了一批国家资源再生利用重大示范工程，探索再生资源产业发展新机制、新模式。

根据《中国再生资源回收行业发展报告2018》的数据显示，截至2018年年底，我国废钢铁、废有色金属、废塑料、废轮胎、废纸、废弃电器电子产品、报废机动车、废旧纺织品、废玻璃、废电池十大类别的再生资源回收总量为2.82亿吨，同比增长11%。由于取缔"地条钢"力度不断加强，废钢铁回收结构发生较大变化，越来越多的废钢铁进入大型钢厂，回收量同比增长64.2%，所占废钢铁回收总量比例增至85.1%，而其他企业回收量同比下降57.5%，所占废钢铁回收总量比例下降至14.9%。2018年，我国十大品种再生资源回收总值为7550.7亿元，受主要品种价格上涨影响，同比增长28.7%，所有再生资源品种回收总值均有所增长。其中，废旧纺织品增幅最高，同比增长62.8%；废轮胎增幅相对最小，同比增长4.3%（见表2-4）。

表2-4 我国2018年主要再生资源类别回收情况

（回收量单位：万吨。回收值单位：亿元）

序号	名称	回收量	同比增长%	回收值	同比增长%
1	废钢铁	17391.0	14.9	3043.4	49.0
	大型钢铁企业	14791.0	64.2	—	—
	其他行业	2600.0	-57.5	—	—
2	废有色金属	1065.0	13.7	2079.0	13.7
3	废塑料	1693.0	-9.9	1081.3	12.9
4	废纸	5285.0	6.5	977.7	31.3
5	废轮胎	507.0	0.4	73.5	4.3
	翻新	27.0	-6.3	—	—
	再利用	480.0	0.8	—	—
6	废弃电器电子产品	373.5	2.1	125.1	32.5
7	报废机动车	453.6	-7.7	87.3	18.9
8	废旧纺织品	350.0	29.6	8.6	14.0
9	废玻璃	1070.0	24.4	32.1	43.3
10	废电池（铅酸除外）	17.6	46.7	37.3	50.5
11	合计（重量）	28205.7	11.0	7550.7	28.7

数据来源：商务部《中国再生资源回收行业发展报告（2018）》。

（三）大力发展再制造产业，积极开展再制造产品认定

2018年，发布了《再制造产品目录（第七批）》《再制造产品目录（第八批）》。发布《高端智能再制造行动计划（2018—2020年》，促进再制造技术研发及产业化应用。根据《关于印发〈再制造产品认定管理暂行办法〉的通知》(工信部节〔2010〕303号)、《关于印发〈再制造产品认定实施指南〉的通知》(工信部节〔2010〕192号)，组织再制造产品认定并公布审查结果。首家国家再制造汽车零部件产品质量监督检验中心正式揭牌运营，为汽车零部件再制造企业集聚发展提供服务，提升汽车零部件再制造产品质量和整体水平。

第三章
2018年中国节能环保产业发展

节能环保产业是为节约能源资源、发展循环经济、保护环境提供技术基础和装备保障的战略性新兴产业，可细分为节能技术和装备、高效节能产品、节能服务产业、先进环保技术和装备、环保产品与环保服务六大领域。"十三五"时期，绿色发展上升成为"五大发展理念"之一，生态文明首次写入党章。发展节能环保产业有利于改善生态环境质量、补齐资源环境短板、提升绿色竞争力、促进新旧动能转换，是推进生态文明建设、建设美丽中国的客观要求。国家"十三五"规划纲要提出扩大节能环保产品和服务供给、发展节能环保技术装备，将节能环保产业培育成国民经济支柱产业。

第一节 总体状况

一、发展形势

国家针对突出环境问题开展了综合治理，分别于 2013 年、2015 年和 2016 年制定并实施《大气污染防治行动计划》《水污染防治行动计划》和《土壤环境保护和污染治理行动计划》，给予了节能环保产业极好的发展机会。2015 年，新《环保法》开始施行，新增了"按日计罚"制度和行政拘留处罚措施，能够有效震慑环境违法行为，间接促进环保产业发展。2016 年，原环保部出台《关于积极发挥环境保护作用促进供给侧结构性改革的指导意见》，提出以环保促供给侧改革的总体思路和具体措施，为节能环保产业提升技术水平、扩大产业规模、优化产业结构、提高市场化程度提供了大好机遇。2018 年，国务院印发《打赢蓝天保卫战三年行动计划》，要求大力培育绿色环保产业。

2018 年，习近平生态文明思想进一步为节能环保产业发展指明了方向。

5月18日,习近平总书记出席全国生态环境保护大会并发表重要讲话指出:"要加大力度推进生态文明建设、解决生态环境问题,坚决打好污染防治攻坚战,全面推动绿色发展;培育壮大节能环保产业、清洁生产产业、清洁能源产业,推进资源全面节约和循环利用。"11月1日,习近平总书记主持召开民营企业座谈会期间,表示毫不动摇鼓励、支持、引导非公有制经济发展,为节能环保产业主导力量——民营企业的发展注入了强大信心和动力。

二、发展现状

(一)财税支持力度逐渐加强

2013年以来,国家财政的节能环保支出规模稳步增长,2017年达到5379.79亿元,是2013年的1.6倍(见图3-1)。从增长情况看,国家财政节能环保支出5年复合增长率9.4%,显著高于全国公共财政支出5年复合增长率7.7%和国内生产总值(GDP)5年复合增长率6.9%,但其年际波动较大。从支出结构来看,环境污染治理支出最高,2017年达到2582.26亿元;其次是生态建设和保护,达到2008.93亿元;能源节约利用再次之,为721.27亿元;资源综合利用最低,为67.33亿元,其中环境污染治理与生态建设和保护两款支出增长迅速(见图3-2)。

国家对节能环保产业的税收优惠持续增加。2018年,财政部等多部门印发《新能源车船享受车船税优惠政策》,对节能汽车减半征收车船税、对新能源车船免征车船税。2018年至2020年,对购置的新能源汽车免征车辆购置税。

图3-1 2017年国家财政节能环保支出规模及增长率

(数据来源:2017年全国财政决算)

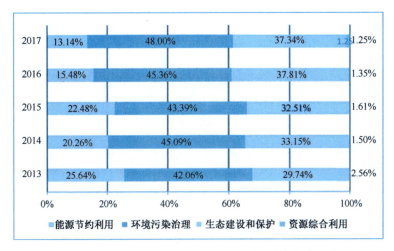

图 3-2　2013—2017 年国家财政节能环保支出各类别占比

（数据来源：2013—2017 年全国财政决算）

（二）产业规模进一步扩大

节能环保产业发展稳中有进，在经济下行的大形势下，起到了国民经济支柱产业的作用。2018 年全国节能环保产业产值 6.51 万亿元，增速 12.2%，5 年复合增长率 10.7%，是 2014 年产值的 1.7 倍。与此同时，节能环保产业对国民经济的贡献保持稳定。2018 年节能环保产业产值占 GDP 比重为 7.2%，与前两年持平（见图 3-3）。

图 3-3　2013—2018 年节能环保产业规模及增长率

（数据来源：中国环境保护产业协会）

（三）行业集中度显著提升

从企业规模看，行业内企业分布较为均衡。营收高于 4 亿元的大型企业占比 4.4%，中型企业、小型企业、微型企业分别占 26.4%、36.1%、33.1%，与 2014 年九成节能环保企业收入不足千万元相比营收增长显著。据中国环保产业协会统计，占总体数量 11.6% 的企业样本贡献了 90% 以上的营收和利润，行业集中度呈上升态势（见图 3-4）。

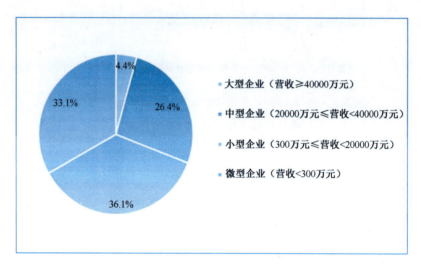

图 3-4 2018 年节能环保企业规模分布

（数据来源：中国环境保护产业协会）

（四）科研实力快速提高

国家对环保领域科技创新支持力度大幅增加。2018 年，"固废资源化"、"场地土壤污染成因与治理技术"、"重大科学仪器设备开发"等环保科技专项启动，为环保企业参与甚至牵头国家科技创新提供了项目机会和资金支持。

在 2018 年度国家科学技术奖励大会上，节能环保领域共获得 16 个科学技术进步类奖项，占该奖项类项目总数 9.2%，比 2017 年 6.8%、2016 年 5.8% 明显提高。其中，"清洁高效炼焦技术与装备的开发及应用"获得国家科学技术进步一等奖。

（五）盈利能力持续下滑

29 家主流环保上市公司 2018 年前三季度毛利合计 263.95 亿元，同比增长

20.09%，毛利率为 29.23%，同比下降 0.35%。据万得统计数据显示，环保上市公司 2017 年前三季度、2016 年前三季度毛利率分别为 29.58%、30.49%，行业盈利能力持续下滑。中信环保指数全年下跌 48.70%，大幅差于整体市场表现。

三、主要推动措施

（一）开展节能环保示范工程

深入实施绿色制造工程，发挥绿色制造先进典型的示范带动作用，发布第三批绿色制造名单，包括绿色工厂 391 家、绿色设计产品 480 种、绿色园区 34 家、绿色供应链管理示范企业 21 家；资助 2018 年绿色制造系统集成项目 143 项。推动废旧动力蓄电池回收利用体系建设，开展新能源汽车动力蓄电池回收利用试点工作。提高资源综合利用水平，制定《工业固体废物资源综合利用评价管理暂行办法》和《国家工业固体废物资源综合利用产品目录》，开展大宗固体废弃物综合利用基地建设。到 2020 年，建设 50 个大宗固体废弃物综合利用基地、50 个工业资源综合利用基地，基地废弃物综合利用率达到 75% 以上。

（二）培育节能环保装备制造业

加快推动高效节能技术装备的推广应用，编制《国家工业节能技术装备推荐目录（2018）》。加快推动高效节能产品的推广应用，编制《"能效之星"产品目录（2018）》。促进工业重大节水工艺、技术和装备的研发、示范及推广应用，编制《国家鼓励的重大工业节水工艺、技术和装备目录（第三批）》。引导生产要素向优势企业集聚，促进行业高质量发展，制定《环保装备制造行业（污水治理）规范条件》《环保装备制造行业（环境监测仪器）规范条件》和《环保装备制造行业（大气治理）规范条件》。

（三）壮大节能环保服务业

修改《环境影响评价法》，取消建设项目环境影响评价资质行政许可，明确建设单位对其建设项目环境影响报告书(表)承担主体责任。加强行业信用体系建设，规范环保企业信用评价工作，制定首个环保产业的信用标准—《环保企业信用评价指标体系》（T/CAEPI 15—2018）团体标准。发布《江苏省企业环保信用评价暂行办法》，对企业环保信用进行实时评价。印发《关于在检察公益诉讼中加强协作配合依法打好污染防治攻坚战的意见》，明确生态环境公益诉讼先鉴定后收费，解决鉴定收费标准缺失问题。增强金融服务实体经济能力,推进金融支持县域工业绿色发展。

第二节 节能产业

节能产业是指采用新材料、新装备、新产品、新技术和新服务模式,在全社会能源生产和能源利用的各领域,尽可能减少能源资源消耗,高效合理利用能源的产业。我国节能事业始于20世纪初。国家"十一五"规划纲要明确提出把节约资源作为基本国策,首次提出单位国内生产总值(GDP)能源消耗总量控制目标,随后建立了GDP能耗指标公报制度。"十二五"规划纲要开始将单位GDP能耗列为约束性指标,期间我国万元GDP能耗目标为下降16%,实际下降了19.91%,超额完成节能减排任务。"十三五"期间我国的万元GDP能耗目标为下降15%,预计2018全年万元GDP能耗同比下降约3.15%,累计完成"十三五"规划目标的79%,2019年有望提前达到"十三五"规划目标。

一、发展特点

(一)产业规模持续扩大,但增速放缓

2018年,我国节能服务产业产值继续创新高,达到4774亿元,同比增长15.1%。近三年增长稳定,增速均在15%左右,显著高于GDP增长率,但与2013—2015年相比略有放缓。企业数量、从业人数持续增加,2018年分别达到6439家、72.9万人,与2017年6137家、68.5万人相比分别增长4.9%、6.4%,企业平均产值、人均产值进一步提升,分别为7414万元/家、65万元/人,增长9.1%、8.7%。工业节能依旧占据主导地位,建筑节能项目数量最多,公共机构节能进展显著(见图3-5)。

(二)产业投资回暖

2018年,节能与提高能效项目投资总额1171亿元,与2017年的1113亿元相比增长5.2%。2016年以来,投资增速缓慢升高,投资回暖(见图3-6)。其中,工业领域投资785亿元,占比为67%,是节能产业最大的投资领域;建筑领域次之,公共设施领域投资最少,分别占24%、9%。通过实施合同能源管理,公共机构工程项目的投资主体可从之前的政府变为社会资本。

图 3-5　2013—2018 年节能服务产业规模及增长率

（数据来源：中国节能协会节能服务产业委员会）

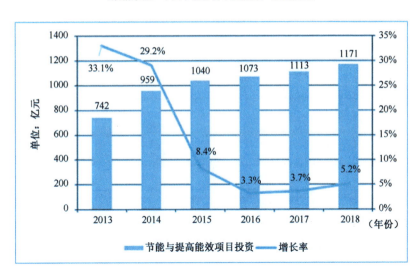

图 3-6　2013—2018 年节能与提高能效项目投资规模及增长率

（数据来源：中国节能协会节能服务产业委员会）

（三）节能减排效果显著

2018 年，全国节能服务项目形成节能能力 3930 万吨标准煤、减排能力 10651 万吨二氧化碳，分别增长 3.1%、3.1%。节能减排能力增速不及产业规模增速，意味着节能产业正在走向成熟，开始攻克难度较大的项目。2018 年恰逢《公共机构节能条例》实施十周年，十年期间节能效果显著。据国家机关事务管理局统计，2018 年公共机构单位建筑面积能耗 19.71 千克标准煤/平方米，与 2008 年相比下降了 22.9%；2018 年公共机构人均能耗 352.09 千克标准煤/人，与 2008 年相比下降了 29.4%。

（四）节能领域绿色信贷规模逐步扩大

随着节能产业的不断发展，产业资源逐步整合，资金需求持续扩大。绿色信贷开创性地支持了节能产业进一步发展。《节能减排授信工作指导意见》开启了我国绿色金融支持节能减排的探索；《关于进一步做好支持节能减排和淘汰落后产能金融服务工作的意见》强调，加强信贷管理，控制高污染、高消耗产能新增贷款；《能效信贷指引》鼓励和指导银行业金融机构积极开展能效信贷业务，支持用能单位提高能源利用效率、降低能源消耗。据原银监会披露，截至 2018 年 6 月，全国工业节能节水环保项目绿色贷款余额高达 5056.64 亿元、节能服务绿色贷款余额高达 233.73 亿元，比 2013 年 6 月分别同比增长 74%、67%。

2013—2018 年节能减排效果及增长率见图 3-7。

图 3-7　2013—2018 年节能减排效果及增长率

（数据来源：中国节能协会节能服务产业委员会）

二、相关政策措施

（一）修订《重点用能单位节能管理办法》

2018 年国家发展改革委等七部门对《重点用能单位节能管理办法》进行了修订，在管理措施、奖惩措施、法律责任等方面都做了相关规定，有利于加强重点用能单位的节能管理，提高能源利用效率。《办法》指出，对重点用能单位实行节能目标责任制和节能考核评价制度；结合高耗能行业的重点用能单位能耗指标等情况分别实行差别电价和阶梯电价政策；建议重点用能单位应当优先采用《国家重点节能低碳技术推广目录》及地方发布的相关目录中的节能技术、生产工艺和用能设备；敦促重点用能单位遵守《用能单位能源计量器具配备和管理通则》等。

（二）开展全国重点能源资源计量服务示范项目

国家发展改革委和国家市场监管总局联合开展部署了"2018 年国家全国重点能源资源计量服务示范项目"，共遴选出 10 个示范项目、18 个入围示范项目，有利于进一步完善能源资源计量体系，提升计量技术服务能力，促进能源节约和提质增效。入选项目有北京节能环保中心承担的"北京市新能源和可再生能源在线监测系统项目"、国网浙江省电力有限公司电力科学研究院承担的"电能表智能化计量检定技术"等。入选项目涵盖领域众多，包括电网、农机、公共机构、建筑、交通、纺织等多个行业，有效地起到了示范作用。

（三）大力推进公共机构节能

国务院于 2008 年发布《公共机构节能条例》，在国家机关、事业单位和团体组织开展节能活动，至今已实施十周年。《条例》采用定额管理办法，要求公共机构按年度节能目标开展工作，通过采购、新建建筑、建筑维修、合同能源管理等方法实现节能。公共机构积极实践，将节能贯穿于各项工作中，涌现出一批优秀的示范单位。例如，安徽省肥西县政务大楼先后实施了县政务大楼能源智能监控、太阳能光伏发电系统、雨水收集利用系统、新能源汽车使用等节能项目，2013 年以来，肥西县政务大楼在用能人员、用能设备不断增加的情况下，单位建筑面积能耗下降 11.13%，人均能耗下降 14.67%，人均水耗下降 29.26%。

三、典型企业

（一）华新能源

华新能源，全称为西安华新新能源股份有限公司，成立于 1998 年，注册资本3.52亿元，位于陕西省西安市高新区，2015 年在全国中小企业股份转让系统挂牌上市（证券代码：834368）。华新能源是我国余热余压发电工程技术服务行业的龙头企业之一，专注于工业节能产业。

1. 经营状况

截至 2018 年 6 月，华新能源资产总额为 38.80 亿元，净资产 25.42 亿元。2018 年上半年，实现销售收入 3.18 亿元，净利润 5291 万元，总资产回报率 2.26%，净资产收益率 1.62%。近三年华新能源应收账款增长迅速，回款压力高。2016 年末、2017 年末和 2018 年 6 月末，应收账款分别为 6.87 亿元、7.09 亿元和9.04 亿元，分别占总资产 18.44%、19.19%和 23.29%。华新能源有 3 家控股子公司，全部聚焦在能源、节能领域，业务分散在制造业、工程业、供应链管理等不同方向。

2. 主营业务

华新能源主营余热余压发电工程技术服务，专业从事工业余热余压发电的工程设计、技术服务、设备成套、工程总承包、合同能源管理及生物质发电工程项目总承包等业务。根据余热余压资源标定结果，量身定制集工程设计、工程施工、设备成套、电站运营维护于一体的"一揽子"解决方案，以达到余热余压资源利用最大化和项目投资整体性价比最优的效果。依据业主个性化需求及工程项目的具体情况，针对性地提供余热发电工程设计（E）、工程总承包（EPC）、合同能源管理（EMC）等多种服务模式来满足业主利用余热余压的需要。2018 年上半年，华新能源主营构成中 EPC 占 91.30%，是其最主要的商业模式。

3. 竞争力分析

华新能源拥有专业的技术人才队伍，超过 50 人的专业设计团队、行业内资深的专家顾问团队、超过15人的专业项目经理、超过300人的专业电站运营队伍。拥有涵盖工业余热余压发电及生物质发电两大领域的多项专利和专有技术，技术水平国内领先。可以提供余热资源标定、能源审计、工程设计、工程建设、电站调试、电站运营的全过程技术服务，构建了在技术研发、技术应用、技术反馈、技术创新方面一套完整的技术研发体系。拥有多行业余热建设经验，在铁合金、钢铁、水泥、焦化等行业均有余热电站建设经验，在该行业内绝无仅有。在硅铁合金行业的余热发电利用规模为业内第一，在镍铁合金行业的余热利用为业内最早。

（二）双良节能

双良节能，全称为双良节能系统股份有限公司，成立于 1995 年，注册资本 16.3589581 亿元，位于江苏省江阴市利港镇，2003 年在上交所主板挂牌上市（证券代码：600481）。双良节能是中国中央空调行业的领导企业之一，公司主要产品有溴化锂吸收式制冷机（蒸汽型、直燃型、热水型）、吸收式热泵等中央空调主机及末端产品。

1. 经营状况

截至 2018 年 12 月，双良节能资产总额为 38.89 亿元，净资产 22.75 亿元。受下游投资动能加大、需求回暖的影响，同时客户对节能解决方案进一步的认可，双良节能产品及相关系统销售进一步提振，2018 年实现营业收入 25.05 亿元，同比增长 45.78%，净利润 2.56 亿元，总资产回报率 8.16%，净资产收益率 11.20%。营业期内，双良节能资金继续保持充裕，流动资产占总资产比例从 77.35%变为 73.67%，略有下降；营运能力有所提升，存货周转率从 2.77 次提高至 4.05 次。

2. 主营业务

双良节能紧紧围绕系统集成、国际化和智慧能源管理，利用溴化锂吸收式制冷制热技术和高效换热技术，为全球工业企业、公共建筑的资源利用和能源管理提供有效的解决方案；继续优化多晶硅还原炉系统设备的设计及工艺，维持行业领头地位。2018 年双良节能主营构成中，空冷器产品、溴冷机（热泵）、热交换器产品分别占 34.81%、31.22%、9.00%，其他业务占 24.97%。

3. 竞争力分析

双良节能从事真空换热技术研发和产品销售超过三十年，拥有世界最大的溴化锂吸收式冷(温)水机组研发制造基地、国内最大的空冷器研发制造基地，拥有溴冷机行业国家认定全性能测试台、空冷行业唯一的环境实验室、唯一大型1000MW级空冷岛单元热态试验装置。到目前为止，共有专利500余项，主导制定了溴化锂制冷机和电站空冷器等多项产品技术国家级行业标准。依托于博士后科研工作站、国家级企业技术中心和技术部组成的三级研发创新体系和低碳研究院，积极进行技术引进和消化吸收应用。"电厂乏汽冷凝热直接回收大型第一类溴化锂吸收式热泵机组"获得中国机械工业科学技术奖三等奖，溴冷机冷/热水机组获评国家制造业单项冠军，"双良云+智慧能源管理平台"获选无锡国家传感网创新示范区第五届物联网十大应用案例，凭借"珠海横琴综合智慧能源空调系统"第五次蝉联中国分布式能源特等奖，智慧能源管理平台被江苏省经信委评为"江苏省制造业'双创'示范平台"，公司被江苏省工业和信息化厅认定为2018年江苏省工业互联网发展示范企业。

（三）首航节能

首航节能，全称为北京首航艾启威节能技术股份有限公司，成立于2001年，注册资本25.39亿元，总部位于北京市大兴区，在欧洲、香港、上海、天津、新疆、甘肃、厦门等地设有分公司，2012年在深交所挂牌上市（证券代码：002665）。首航节能是从事光热利用系统、电站空冷系统、余热利用系统、水资源利用系统及热电冷三联供系统的研发、设计、制造、建设、运维，项目投资及项目总承包等服务的节能环保公司。

1. 经营状况

截至2018年6月，首航节能资产总额为93.22亿元，净资产75.82亿元。2018年上半年，实现营业收入3.11亿元，净利润1933.55万元，总资产回报率0.08%，净资产收益率0.29%。首航节能电站空冷所处行业作为电力投资行业的上游，受国内宏观经济景气程度的影响较为显著，坏账准备高达1.87亿元，占应收账款的比例为16%。营业期内货币资金充足，高达34.47亿元，占总资产比例从2.57%上升至36.98%，其中经营活动现金流入4.46亿元、募集资金44.37亿元。

2. 主营业务

首航节能主营业务围绕空冷系统、余热发电、太阳能发电和海水淡化业务展开，在产品研发、市场营销和产能规模等方面的竞争力均得到了进一步提升，整体生产经营继续保持健康和稳步发展。2018年上半年的营业构成中，电站空冷系统最为主要，占比为52.75%，海水淡化占比10.20%，余热发电占比

4.46%；中国大陆营收 2.45 亿元，国外营收 6642 万元。首航节能在雄安新区积极推进太阳能光热+储能+辅助热源技术的清洁供热，已与雄安新区多个居民社区接洽承建了清洁能源供暖项目。

3. 竞争力分析

首航节能有四大核心竞争力。一是业务发展战略清晰，坚持聚焦于电力行业专业化和相关领域多元化的发展路径。二是多业务协同优势，主要业务之间的客户重叠度高、核心技术具有较高的相关性。三是技术领先优势，在电站空冷领域获得"国家科技进步二等奖"，掌握了光热发电核心技术和装备制造，同时具备塔式、槽式、蝶式技术，脱硫废水零排放和 MED 海水淡化取得技术突破。四是管理和成本控制优势，通过推进持续的管理变革，实现高效的流程化运作，通过推进生产制造的全自动化改造实现成本控制。

第三节　环保产业

近年来，环保产业成为具有较大发展潜力的新兴产业，产业持续快速发展，污染防治攻坚目标的完成离不开环保产业的贡献。

一、我国环保产业发展基本情况

（一）环保产业经济运行情况

近年来，环保产业在环保政策、环境管理体制改革、监管执法、社会资本合作（PPP）等创新模式的整体推进下，产业经济的运行整体保持较快增速，规模不断扩大，结构不断优化，市场加速释放，社会资本投入加大。2017 年环保产业销售收入达 1.35 万亿元，不仅为全社会绿色发展提供了物质基础和技术支撑，同时也为经济的绿色增长做出了重要贡献。

2018 上半年，涉足环保产业的 120 家 A 股上市公司实现环保业务收入约达 835 亿元，其中，一季度同比增长 17.02%，二季度同比增长 7.65%，增幅回落明显（2017 年四个季度的同比增幅分别为 31.97%、19.62%、22.59%、37.93%）。增幅回落的主要原因有：PPP 市场仍因政策原因处于低位、资本市场流动性短缺对环保企业生产经营产生一些负面影响。

据行业协会测算，2018 年前三季度，我国环保产业产值约达 10650 亿元，同比增速约为 17.7%。预计，随着在中央提出坚决打好污染防治攻坚战的政策背景下，以及 7 月下旬国务院常务会议关于下半年货币政策和财政政策的精神逐一落实，全社会治理需求仍保持旺盛态势，环保投资将快速增长，环保企业融资难的问题将得到一定程度的缓解，环保产业市场活跃度将进一步提升，环保产业增速仍将维持在18%左右的较高水平，2018年环保产业产值将达1.5万亿元。

（二）环保装备制造业、环保服务业发展情况

在环保装备制造业领域，我国约有7500家环保装备制造业企业，技术装备种类超过1万种，一大批先进环保装备投入实际应用，已形成门类齐全的产品体系，基本实现国产化，部分技术装备世界领先，缩小了与发达国家的差距，产业集中度进一步提高，形成了江苏、浙江、四川等地的一批产业集聚区。当前环保装备制造业正在向稳定增长的阶段过渡，2017年，产业增速12%，产值达到6466亿元，预计2018年环保装备制造业产值将达到6900亿元。"十三五"期间，随着各项环保政策约束不断加严，环保装备制造业仍将继续保持较快增速。

在环保服务业领域，我国社会环保服务需求不断增加，第三方环境综合服务业发展迅猛，连续保持年均30%以上的增速，产业规模迅速增大，服务能力不断增强，服务内容持续完善，服务质量进一步提高。环境服务领域将进一步从传统的技术研发、工程设计建造、设施应用向咨询服务、综合服务延伸，产业发展保持良好态势。

（三）环保产业发展中面临的困难

一是行业准入门槛低，环保企业参差不齐。"小"和"散"的局面依旧存在，产品质量差异大，部分低端技术产品供给相对过剩。

二是技术创新能力相对薄弱，质量短板有待弥补。我国环保产业在技术能力上与国际总体并行，呈现局部领跑的态势，环保技术供给水平基本满足现阶段我国污染防治要求。但基础研究与应用基础研究与发达国家存在较大差距，核心理论、方法、技术多源自发达国家，预研能力不足，产品与技术装备质量及工程建设、运行质量方面仍与国际先进水平有一定差距。

三是环保产业实际投资仍然不足，环保产业融资难的问题出现阶段性恶化。实际用于环境治理工程和运营服务的投资资金不足，阶段投资需求与实际资金供给不匹配。广大中小型民营企业融资难、融资贵的现象仍然存在，同时，绿色金融惠及的环保企业非常有限。受到PPP政策调整的影响，金融机构普遍对PPP项目停贷，给环保企业融资造成新的压力。

二、典型企业

（一）中节能环保装备股份有限公司

中节能环保装备股份有限公司（以下简称"中环装备"）是中国节能环保集团下属二级公司，主要从事高端节能环保装备制造（股票代码300140），其拥有数个子公司和高端节能环保装备产业园，业务在国内外有广泛分布。

1. 主营业务及经营状况

中环装备业务范围涵盖智慧环境综合解决方案及监测装备业务、固废装备业务、水处理装备业务、烟气治理装备业务、能效装备业务、智能制造及电工装备业务等。研发实力强，拥有30家合作研发单位、近300名专家团队，自主开发专利技术近200项。多项产品荣获国家级、省部级科技进步奖等奖项。2017年，中环装备资产总额达到36.5亿元，较上年增长14.4%；主营业务收入达到19亿元，较上年增长45%；主营业务税金0.137亿元，较上年增长44%；资产负债率达到59%。从总体看，中环装备2017年总体经营状况较好，市场前景广阔。

2. 竞争力分析

在环境能效监控与大数据服务方面，中环装备可为客户提供水、气、重金属等在内的各类监测系统、环境监控平台、应急监测和预警系统。在能效监控领域，开发了工业企业能源管理系统，实现对工矿企业基础能源管理、能源系统主设备运行状态的监视；在大数据服务领域，为政府和企业客户提供环境能效大数据服务，综合运用新型传感器、云计算、物联网、大数据、卫星通信等技术，开展城市、工业园区和企业智慧环保整体解决方案。

在大气污染减排方面，中环装备拥有数项烟气脱硫、脱硝、其他酸性气体和一体化治理先进技术，同时掌握挥发性有机物（VOCs）废气治理回收与销毁技术，可完成石油石化、包装印刷、制药、纺织、制革等行业的VOCs废气治理业务。此外，自主研发的资源化利用技术效果显著，蜂窝式SCR脱硝催化剂、低温蜂窝式SCR脱硝催化剂、氧化镁法脱硫副产品用于回收制作硫酸镁肥、微生物修复技术、尾矿微粉等多项技术已全面实现产业化。

（二）杰瑞环保科技有限公司

杰瑞环保科技有限公司（以下简称"杰瑞环保"）成立于2015年9月，是杰瑞集团（股票代码：002353）的全资子集团。

1. 主营业务及经营状况

杰瑞环保是提供环保成套设备与一体化解决方案的国际投资商和承包商，业务模式以"设备+投资"的形式，服务模式以"工程实施、设备出售、租赁"模式为主。杰瑞环保的主要业务分为三大模块：油气田含油废弃物治理一体化解决方案、环境工程治理一站式解决方案、储油罐机械清洗及罐底油泥一体化解决方案。方案全套设备均由杰瑞环保自主研发制造，具备提供全套环保解决方案和模块化交付能力，并基于环保市场需求不断推出尖端产品，可广泛用于复杂物料的处置及复杂工况。杰瑞环保研发团队实力雄厚，具备工艺研发、设备研发、设备现场调试能力。2017 年，杰瑞环保资产总额达到 5.5 亿元，较上年增长约 150%；主营业务收入达到 1.1 亿元，较上年增长约 158%；主营业务税金约 70 万元，是上年的 13 倍；资产负债率达到 36%。杰瑞环保是 2015 年新成立的环保企业，自 2017 年开始布局新疆环保市场，全面进军水处理业务领域，开展环保投融资业务，目前处于高速发展、开拓市场阶段，有望成长为具有全国竞争力的土壤修复企业。

2. 竞争力分析

一是具备自主研发的核心技术。集团目前已获得国家专利 71 项。其中，自主研发的"热解吸附成套设备"获得第十五届中国国际石油石化技术装备展览会唯一创新金奖。二是拥有核心竞争力设备。拥有自主研发、制造的国内先进的储油罐自动清洗成套设备，采用全自动的机械设计，对原油储罐、成品油罐等进行清洗，作业周期短，设备制造及服务严格执行 QHSE 管理体系，确保安全生产，在油罐清洗的同时，可根据油泥情况进行回收处理；拥有自主研发、制造的含油污泥热相分离技术及成套装置，采用间接热脱附的方式，实现多种油污泥的无害化、资源化处置，并具有优良的运行稳定性及处理指标。积极引进国外先进的其他土壤修复技术，如土壤淋洗技术、重金属处理技术、地下水修复技术等，弥补地下水修复技术的空白。

（三）成都易态科技有限公司

成都易态科技有限公司（以下简称"成都易态"）是专业从事自主原创、国际领先的金属间化合物膜及膜分离技术研发、制备及应用的国家火炬计划重点高新技术企业，致力于成为工业前沿过程膜分离技术的引领者、大气污染综合防治、PM2.5 治理及室内空气净化专家。

1. 主营业务及经营状况

成都易态主营业务涵盖铁合金、高钛渣、黄磷等密闭矿热炉冶炼高温炉气净化回收利用、有色冶金领域砷的分离富集与贵重金属回收、能源化工领域粉尘超低排放等。成都易态独立拥有专利 752 项、制定国家、行业标准 18 项，荣获"国家知识产权优势企业"、中国企业创新能力全国千强、中国硬科技领域创新企业 50 强称号。2017 年，成都易态资产总额达到 3.7 亿元，较上年增长约 48%；主营业务收入达到 0.7 亿元，较上年持平；主营业务税金约 357 万元，较上年增长 47%；资产负债率达到 27%。

2. 竞争力分析

一是企业创新能力强。成都易态已形成了材料创新、膜制备技术创新、膜分离技术创新、膜装备创新和系统集成技术创新五项基础原创技术，并打造了高温气体过滤技术、工业过程工艺性液体连续净化及清洁生产技术、PM2.5 治理及气态污染物治理技术等国际领先的技术。二是核心技术领先。在烟粉尘治理技术方面，净化后的烟气含尘量可小于 $5mg/Nm^3$。在液体净化领域，实现泥磷提质及湿法冶金等工艺性液体膜连续净化，净化后的液体固尘量小于 10mg/L。气固、液固过滤技术成功解决了国内外生产企业在高温、高压、强腐蚀性等苛刻环境中无法实现的过滤分离技术难题。

第四节　资源循环利用产业

一、发展特点

2018 年，在各部门的积极推动下，资源循环利用产业发展较快。

（一）工业固废综合利用产业平稳发展

一是开展综合利用评价制度建设。2018 年 5 月，工业和信息化部发布实施《工业固体废物资源综合利用评价管理暂行办法》和《国家工业固体废物资源综合利用产品目录》，引导建立科学规范的工业固体废物资源综合利用评价制度。目前，部分省市已完成《管理办法实施细则》的制定发布工作，发布一批第三方机构名单，各地积极组织开展培训工作。

二是加强资源综合利用基地建设。工业和信息化部对第一批 12 个示范基地跟踪指导，对基地建设情况进行总结，宣传推广先进经验。积极推进大宗固体废弃物综合利用产业集聚发展，开展工业资源综合利用基地建设，不断提高工业资源综合利用水平，推动工业资源综合利用产业高质量发展。2019年1月，国家发展改革委和工业和信息化部联合发布《关于推进大宗固体废弃物综合利用产业集聚发展的通知》指出，到2020年，我国将分别建设50个大宗固体废弃物综合利用基地和工业资源综合利用基地，资源综合利用率达到75%以上，形成多途径、高附加值的综合利用发展新格局。

三是国家加强重点区域工业资源综合利用产业发展。落实《京津冀及周边地区工业资源综合利用产业协同发展行动计划》，工业和信息化部组织6省市对行动计划实施情况进行评估总结，研究深入推进京津冀工业资源综合利用产业协同发展的工作举措。2018年，工业和信息化部印发《工业和信息化部办公厅关于做好长江经济带固体废物大排查行动的通知》，指导长江经济带11省市组织开展工业固废综合利用情况排查工作，并对各省市工作完成情况进行专项督查，形成督查报告报长江经济带领导小组办公室。中办督查室带领相关部门，赴上海等地开展了长江经济带固废污染防治专项调研。

（二）再生资源产业不断发展壮大

一是工业和信息化部积极培育骨干龙头企业。落实废钢铁、废塑料、废轮胎、废矿物油、建筑垃圾等再生资源综合利用行业规范条件，2018年，公告发布86家规范企业名单。

二是加强事中事后监管，工业和信息化部按照《关于做好已公告再生资源规范企业事中事后监管的通知》，组织各省开展年度监督检查，建立有进有出的动态调整机制。

三是商务部发布了《2018年再生资源新型回收模式案例集》，整理新型回收模式案例，引导行业建立规范回收模式。

（三）生产者责任延伸制度不断完善

一是开展废弃电器电子产品生产者责任延伸试点，工业和信息化部总结评估第一批17家试点单位的试点方案完成情况及实施效果、典型经验和成功模式，并在行业内大力推广。在广泛调研的基础上，组织编制了汽车产品生产者责任延伸试点实施方案，建立汽车产品全生命周期生产者责任延伸管理体系，探索生产者责任延伸新模式。

二是组织开展绿色供应链管理示范。2018年，工业和信息化部发布了25

家绿色供应链管理企业名单,充分发挥引领带动作用;利用工业转型升级资金共支持 11 家企业打造绿色供应链管理模式;研究制定机械、汽车、电器电子三个行业绿色供应链管理企业评价指标体系,引导行业绿色供应链管理规范发展。

(四)新能源汽车动力电池回收利用体系逐步建立

一是国家不断加强制度建设。2018 年 2 月,工信、科技、环保、交通、商务、质检、能源等部门联合发布《新能源汽车动力蓄电池回收利用管理暂行办法》,推行以汽车生产企业为主体生产者责任延伸制度,构建全生命周期管理机制。

二是积极开展试点示范。工信、科技、环保、交通、商务、质检、能源等部门联合印发《关于做好新能源汽车动力蓄电池回收利用试点工作的通知》,确定在京津冀、上海等 17 个地区,以及中国铁塔公司开展试点,以试点为中心,辐射带动周边地区建立区域性合作机制,积极探索技术经济性强、资源环境友好的多元化回收利用模式。

三是溯源管理系统逐步完善。工业和信息化部组织建设了新能源汽车国家监测与动力蓄电池回收利用溯源综合管理平台,并发布了《新能源汽车动力蓄电池回收利用溯源管理暂行规定》,构建了全生命周期溯源管理机制。

四是培育行业骨干企业,工业和信息化部按照《新能源汽车废旧动力蓄电池综合利用行业规范条件》及公告管理暂行办法要求,公告了第一批 5 家符合《新能源汽车废旧动力蓄电池综合利用行业规范条件》企业名单。

(五)税收优惠政策实施环境逐渐完善

工业和信息化部、财政部、税务总局加强沟通协调,合理推动资源综合利用免征环保税政策的落地实施。2018 年 11 月,财政部、税务总局、工业和信息化部、生态环境部组成联合调研组,赴山东省威海、烟台等地开展工业固废环保税征收情况专题调研,了解综合利用评价、环保税免征政策落实等方面存在的问题,研究下一步的工作举措。

二、典型企业

(一)格林美

格林美以"城市矿山+新能源材料"为战略,积极发展废旧电池与动力电池材料大循环，电子废弃物循环利用，报废汽车综合利用，钴镍钨资源回收与硬质合金，废渣、废泥、废水循环利用环保治理五大产业链。坚守环保安全生命线，全面实施稳定化、技术创新与精细化管理三大战略，新能源材料业务产能全面释放，推动公司销售与业绩大幅增长。

1. 经营状况

2018年前三个季度，公司实现营业收入102.30亿元，较上年同期增长40.78%；利润总额6.69亿元，较上年同期增长33.78%；归属于上市公司股东净利润5.18亿元，较上年同期增长33.62%。2018年，公司在新能源电池材料板块产能释放，目前已建成三元前驱体产能8万吨/年。前驱体出货量居行业前列，主流供应三星、ECOPRO等国际主流客户和CATL等国内优质客户。同时，公司的电池材料板块及钴镍钨板块销售规模扩大，盈利能力进一步增强，营业收入也比上年同期增加。随着公司产品核心竞争力的提升，公司扩大了国内外优质战略客户的销售规模，积极调整产品结构，加大了对现金流较好产品的生产和销售。

2. 主营业务

（1）废旧电池回收与动力电池材料再造业务

格林美紧跟国家政策的部署，积极在政策引导和行业快速发展的良好机遇下，发展新能源材料产业。荆门市格林美材料有限公司入选第一批《新能源汽车废旧动力蓄电池综合利用行业规范条件》企业名单。目前，公司已建成三元材料前驱体智能制造基地，建成了世界先进的车用动力锂离子电池材料智能制造基地和废旧电池整体资源化综合利用处置基地；建成了武汉圆柱PACK自动生产线、200组/天的梯次利用动力电池生产线、车用动力电池循环利用工程研究平台，新能源全生命周期价值链初步成型，绿色+智能制造动力电池原材料引领行业水平。

（2）钴镍钨回收与硬质合金制造业务

2018年，格林美精准发力钴镍钨核心业务，夯实了"钴镍钨回收—钴镍钨粉末再造—硬质合金器件再造"的核心产业链，大幅提升钴镍钨核心业务的盈利能力与全球竞争力。积极开展稀缺资源回收与高端工具再制造融合，建成了覆盖高端智能工具的钴镍钨全生命周期闭路循环体系。同时，公司还拥有中国最完整的稀有金属资源化循环产业链。

（3）电子废弃物循环利用业务

格林美对电子废弃物利用业务产业链进行深度优化调整。在供应链上，建立了多层次的回收渠道，形成了"电子废弃物精细化拆解—废五金精细化利用—废塑料精细化利用—稀贵稀散金属综合利用"产业链。

（4）报废汽车回收与零部件再制造业务

公司在武汉、天津、江西、湖北仙桃建设报废汽车处理基地，形成"回收—拆解—粗级分选—精细化分选—零部件再造"的报废汽车完整资源化产业链模式，最大限度实施报废汽车无害化与资源化处置。同时，公司还在湖北荆门、仙桃建设了废弃资源交易大市场，为报废汽车业务提供了原料保障。

3. 竞争力分析

公司的核心竞争优势包括：技术创新与人才优势、循环产业链优势、战略原料保障优势、产品与市场优势、信息化管理优势。通过建立核心技术体系，承担多项国家计划项目，与世界多所大学开展了长期的产学研合作，搭建多个国家级创新平台，创新绩效管理与激励模式，形成"领军人才—优才—技能人才"三层次人才体系。循环产业链优势在于通过自建和并购扩充产业布局，在全国建成多所循环产业园，形成五大优势产业链。战略原料保障优势在于实施钴镍原料"城市矿山+国际巨头战略合作"的双原料战略通道。产品与市场优势在于推行质量战略，核心产品全部国际优质品牌化。信息化管理优势在于践行"绿色+智慧"的理念，构建全程控制、全面覆盖、实时感知的时空控制废物循环产业信息管理系统。

（二）中国铁塔

中国铁塔股份有限公司（简称"中国铁塔"）是在落实"网络强国"战略、深化国企改革、促进电信基础设施资源共享的背景下，由中国移动通信有限公司（简称"中国移动"）、中国联合网络通信有限公司（简称"中国联通"）、中国电信股份有限公司（简称"中国电信"）和中国国新控股有限责任公司（简称"中国国新"）出资设立的大型通信铁塔基础设施服务企业。中国铁塔股份有限公司主营业务：一是铁塔建设、维护、运营；二是基站机房、电源、空调配套设施和室内分布系统的建设、维护、运营及基站设备的维护。2018年8月8日，中国铁塔在香港联交所主办挂牌上市。通过上市，公司进一步释放了国企改革红利，彰显了国企改革成效。

1. 经营状况

2018年前三季度,公司整体业绩表现良好,营业收入和净利润稳步提升。实现营业收入536.42亿元,同比增长6.1%,其中塔类业务、室内分布业务、跨行业业务收入分别为515.35亿元、13.25亿元、6.75亿元。非塔类业务收入占比3.9%,比上年同期增长。其中归属于公司所有者利润为19.61亿元,同比上升16.7%。

中国铁塔利用其在动力电池梯级利用上的天然优势,将废旧电池利用在通信基站上。截至2018年11月,公司已累计使用梯次电池800MWh,电池重量约1万吨,一共在5万个基站安装了30万组电池,约减少8万余吨碳排放。进行梯次电池试点应用的基站运行近2年,运行状况良好。预计到2020年,中国铁塔将消纳全国电动车的退役动力电池。

2. 主营业务

(1)塔类业务

公司积极创新服务模式建设,立足于客户低成本、差异化的移动网络覆盖需求,打造综合解决方案能力,促进资源节约和环境友好。以存量资源为主,占比在塔类订单86%以上,新建地面宏站、微站,利用率占社会杆塔资源比例分别达到13%和66%。

(2)跨行业和新能源业务

公司积极开展跨行业与新能源业务拓展,起步阶段状态良好,已经初步具备多元经营雏形。积极探索推广动力电池基站备电应用和社会化电力保障服务,保障电信网络运行质量,同时利于资源节约与环境保护。积极开展新能源汽车动力电池回收利用试点,建立区域性合作机制,积极探索技术经济性强、资源环境友好的多元化回收利用模式。

(3)对外合作业务

公司已与29个省(区、市)政府签订战略合作协议,发展环境十分广阔;26省市已将通信基础设施建设与保护列入地方法律;还有19个省将5G站址规划交由铁塔公司统筹,合作方普遍认可中国铁塔通信基础设施的战略性地位。积极拓展社会资源,加强与电力、铁路、邮政、互联网企业、房地产公司等公司的合作,不断拓宽业务范围。国际业务开拓步伐也日益稳健,与老挝政府等共同设立东南亚铁塔公司。

3. 竞争力分析

中国铁塔是目前最大的新能源汽车动力电池梯次利用企业，中国铁塔机构遍布全国，拥有完善的物流体系、先进的基于"互联网+物联网"的监控系统，实现所有站址超过1600万个设备的"可视、可管、可控"，在回收体系建设方面具有天然优势。为建立完整的回收利用体系，中国铁塔搭建了梯次电池研究中心，使动力电池梯次回收利用工作尽快平稳落地。下一步，中国铁塔将继续加强与整车企业建立战略合作，共同建设并共享回收网络体系，打通回收渠道各环节，建立标准化回收流程。此外，以地级市为单位，建立回收网络体系，为全国的整车企业提供全面的回收服务，为整车企业完成工信部对责任主体的回收站点考核提供服务。积极配合各试点省市相关主管部门做好退役电池回收试点工作，摸索出一套可复制的商务模式，并在全国进行推广。

重点行业篇

第四章
2018年钢铁行业节能减排进展

钢铁行业是资源、能源密集型产业,生产规模大,工艺流程长,能源消耗量大。我国钢铁行业能源消耗接近整个工业能耗总量的 20%,钢铁行业是工业节能减排的重要领地。2018 年,随着供给侧结构性改革的深入推进,钢铁行业稳中向好,质量和效益显著提升,行业利润水平恢复至整体工业水平。粗钢产量再创历史新高,达到 9.28 亿吨,同比增长 6.6%,中钢协会员企业实现工业总产值 3.46 万亿元,同比增长 14.67%,盈利 2862.72 亿元,同比增长 41.12%;一批前瞻性技术取得重大突破;去产能任务全面完成,持续推进取缔"地条钢",防止死灰复燃;主要能耗指标和主要污染物排放量持续下降,用水效率、资源利用率、二次能源利用水平进一步提高。南钢股份、宝钢股份在节能减排方面成效突出。

第一节 总体情况

一、行业发展情况

2018 年我国粗钢产量突破 9 亿吨,再创历史新高,在深入推进供给侧改革推动下,粗钢、生铁、钢材产量均呈现增长态势。我国粗钢产量自 1996 年首破 1 亿吨后,分别在 2003 年、2005 年、2006 年、2008 年、2010 年、2011 年、2013 年分别突破 2 亿吨、3 亿吨、4 亿吨、5 亿吨、6 亿吨、7 亿吨、8 亿吨。

2005 年以来,我国粗钢产量变化情况如图 4-1 所示。

2018 年,我国钢铁行业发展态势稳中向好,市场需求好于预期。根据国家统计局数据,2018 年全国生产生铁 77105 万吨,同比增长 3.0%,粗钢 92826 万吨,同比增长 6.6%,钢材 110552 万吨,同比增长 8.5%。中钢协会员实现工业总产值 3.46 万亿元，实现销售收入 4.11 万亿元，累计盈利 2862.72 亿元，创历史最好水平。

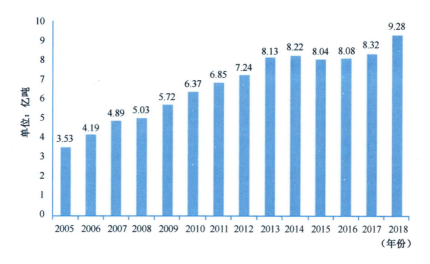

图 4-1　2005—2018 年我国粗钢产量

（数据来源：国家统计局，2019 年 1 月）

二、行业节能减排主要特点

（一）持续推进化解过剩产能

2018 年，钢铁行业去产能 3000 万吨左右，从四个方面持续推进化解过剩产能。一是把处置"僵尸企业"作为去产能的重点，加快实施整体退出，关停出清；二是严格环保、质量、能耗、水耗、安全等法律法规和行业标准，对钢铁行业违规违法行为加大执法力度，对存在能耗达不到《粗钢生产主要工序单位产品能源消耗限额标准》、无排污许可证排放污染物、污染物排放达不到环境保护法要求等防污问题的钢铁产能，依法依规退出；三是防范"地条钢"死灰复燃和已化解的过剩产能复产；四是严禁新增产能，规范项目备案和置换手续，防止产能"边减边增"。

（二）主要能耗指标持续下降

综合能耗指标同比下降。2018 年，钢铁工业协会统计其会员生产企业累计总能耗同比下降 1.25%；吨钢可比能耗同比下降 3.12%，吨钢综合能耗同比下降 2.13%，吨钢耗电同比上升 0.8%。

主要工序能耗指标有降有升。2018年,钢铁工业协会统计其会员生产企业,球团工序能耗较上年同期下降0.29%,炼铁工序能耗较上年同期下降0.2%,转炉炼钢工序能耗较上年同期下降5.88%,钢加工工序能耗较上年同期下降0.85%。而烧结工序能耗较上年同期升高0.34%,焦化工序能耗较上年同期上升4.46%,电炉炼钢工序能耗较上年同期上升0.66%。

钢加工工序中冷轧工序能耗同比下降,热轧工序能耗同比上升。2018年,钢加工工序中冷轧工序能耗较上年同期下降1.13%。其中,冷轧宽带钢轧机工序能耗较同期下降3.52%,镀层工序能耗同比上升7.36%,涂层工序能耗同比上升0.7%。热轧工序能耗比上年同期上升0.82%,其中大型材轧机工序能耗较上年同比下降1.75%、线材轧机工序能耗较上年同比下降0.6%、中厚板轧机工序能耗较上年同期下降0.02%、热轧窄带钢轧机工序能耗较上年同比下降2.36%;而中型材轧机工序能耗较上年同比上升0.48%、小型材轧机工序能耗较上年同比上升0.8%、热轧宽带钢轧机工序能耗较上年同期上升1.43%、热轧无缝钢管轧机工序能耗较上年同期上升0.93%。

(三)行业主要污染物排放量持续降低

2018年,钢铁工业协会统计其会员生产企业累计外排废水量比上年同期上升3.01%。外排废水中,悬浮物累计排放量同比减少17.38%,挥发酚累计排放量同比减少23.62%,石油类累计排放量同比减少17.93%,化学需氧量累计排放量同比减少15.73%,氨氮累计排放量同比减少23.19%,总氰化物累计排放量同比增加16.68%。

2018年,钢铁工业协会统计其会员生产企业累计废气排放量同比增加6.44%。外排废气中二氧化硫排放量同比下降5.67%,烟粉尘排放量同比减少5.63%。

(四)用水效率进一步提高

2018年,钢铁工业协会统计其会员生产企业用水总量同比上升3.01%,达到821.66亿立方米。其中,取新水量同比上升1.59%,重复用水量同比增长3.04%,水重复利用率比上年提高0.03个百分点,吨钢耗新水量同比下降5.14%。

(五)资源、二次能源利用水平进一步提高

2018年,钢铁工业协会统计其会员生产企业钢渣产生量同比上升0.63%,

利用率比上年同期提高 1.23 个百分点；高炉渣产生量同比增长 6.81%，利用率比上年同期提高 0.19 个百分点；含铁尘泥产生量同比下降 0.37%，利用率比上年同期下降 0.23 个百分点。

2018 年，钢铁工业协会统计其会员生产企业高炉煤气产生量同比增长 3.33%，利用率比上年同期提高 0.08 个百分点；焦炉煤气产生量同比下降 2.93%，利用率比上年同期提高 0.09 个百分点；转炉煤气产生量同比增长 6.63%，利用率比上年同期提高 0.18 个百分点。

第二节 典型企业节能减排动态

一、南钢股份

（一）公司概况

南京钢铁股份有限公司（以下简称"南钢股份"），位于南京江北化工园区和高新开发区，拥有 2 个万吨级在内的数个自备货码头，厂区内设铁路专线与京沪铁路相连，交通便捷。南钢股份的前身为始建于1958年的南京钢铁厂，1996年改制为南京钢铁集团有限公司，1999年以部分钢铁主业资产成立南京钢铁股份有限公司。南钢股份拥有从矿石采选、炼焦、烧结、炼铁、炼钢到轧钢的完整生产流程，具备 1000 万吨粗钢生产能力。2017 年公司实现净利润 32 亿元，上交国家税收 17.4 亿元。

南钢股份拥有新产品研发推广中心、研究院、技术质量部三个平台，开发了国家重点新产品 5 个、省级高新技术产品 39 个。南钢股份实施"钢铁+新产业"双主业发展战略，做强钢铁产业主体的同时，加快推进能源环保等新兴产业的发展，打造"钢铁领域先进材料智造平台"和"能源环保、智能智造等新产业"为一体的综合服务提供商，争当"产城融合、绿色发展"的排头兵。

（二）主要做法与经验

南钢股份把节能环保与效益放在同等位置，加强能源管理，推广节能环保技术，注重循环利用，做好环境监控，降污减排取得明显成效。

在能源管理方面，公司将能源管理工作与用能全过程和生产经营管理全过程相结合，完善能源管理体系，实现能源管理规范化、制度化。2017 年投资 7070 万元，实施节能改造项目 18 项，包括利用炼钢、轧钢生产产生的余热蒸汽进行发电等。制定"提升能源利用效率公关""提升发电能力公关"等节能攻关奖励办法，公司在焦化、烧结、球团、高炉、炼铁等工序能耗方面均达到相关要求。

公司注重环境保护、节能降耗和资源综合利用技术的开发及应用，不断提升产品延伸加工综合能力，打造双型企业。采用螺杆发电低温余热蒸汽回收技术，利用烧结余热、干熄焦余热发电，逐步形成废气回收利用循环产业链；通过资源化利用高炉水渣，消纳烧结脱硫产生的脱硫灰，通过含铁尘泥及含铁废料综合利用，实现原料和资源的循环利用，打造铁素资源循环产业链；同时打造工业用水循环链、固体废弃物利用循环链，形成"四个循环链"。通过能源管理体系的"关键能效因子"与"关键能耗源"抓手，不断促进"节电、节气、节水"取得实效。追踪钢铁行业低碳工艺前沿技术，优化能源结构，采用强化传热、低品位余能回收、工业炉窑节能、流体系统优化等技术，低碳燃料、余能回收比例不断提升。

公司不断完善环境监控水平，实现重点污染源全覆盖，24小时动态监控，异常数据提醒，终端查询等。建立专业和片区检查相结合、在线控制和人工检测相结合的全方位监测检查模式，企业定期发布环境信息，监测数据接受政府和民众监督，促进信息公开透明。

（三）节能减排投入与效果

据统计，2017年公司投资5亿元，实施27项节能环保提升项目。焦炉煤气深度脱硫制酸正式投运，解决HPF脱硫工艺遗留问题，有力推动了焦化行业的脱硫升级改造；220烧结脱硫备用塔投入使用，大幅降低了二氧化硫排放；对3#烧结机机尾电除尘改布袋除尘，并对2#转炉一次除尘、2#高炉矿槽除尘进行了改造，改造后，颗粒物排放标准优于国家标准。

南钢股份2017年吨钢综合能耗达到572千克标准煤，同比下降18千克标准煤；全年吨钢电耗487千瓦时，同比下降8千瓦时；全年自发电量为24.69亿千瓦时，同比增加1.06亿千瓦时；自发电比例为53.5%，提高1.9个百分点。

二、宝钢股份

（一）公司概况

宝山钢铁股份有限公司（简称"宝钢股份"）是《财富》世界500强中国宝武钢铁集团有限公司的核心企业。宝钢股份2000年由上海宝钢集团公司独家创立，同年在上海交易所上市，2017 年吸收合并武钢股份。宝钢股份目前有上海宝山、南京梅山、湛江东山、武汉青山等主要制造基地，在全球上市钢铁企业中粗钢产量排名第二、取向电工钢产量排名第一、汽车板产量排名第三，碳钢品种齐全。

2017 年，宝钢股份实现营业收入 2895 亿元，营业利润总额 249.2 亿元，全年产铁 4521 万吨，产钢 4705 万吨；全年能源消耗 2803 万吨标准煤，吨钢综合能耗 596 千克标准煤。宝钢股份荣获全球钢铁行业最高信用评级、第二届"实现可持续发展目标（SDGS）中国企业最佳实践"称号，连续五届获"全国文明单位"称号。2017 年，宝钢连续第十四年进入美国《财富》杂志评选的世界 500 强榜单，位列第 204 位。

（二）主要做法与经验

宝钢股份推行可持续发展管理，成为钢铁技术的领先者、环境友好的最佳实践者、员工与企业共同发展的公司典范。通过开发绿色产品、构建绿色供应链，推行绿色制造，打造绿色钢铁，建设产城融合、生态和谐的城市钢厂。

宝钢股份通过采取措施使钢铁生产过程对环境危害降低到最小，通过各种手段降低能源消耗、改善成本，开发能源资源利用效率高的制造工艺和产品，关注用户绿色需求和行业发展动向，向社会提供环境绩效优良的产品和服务。采用钢铁产品全生命周期法，开发电工钢、高强钢、涂镀产品及高耐候产品等，减少下游用户的刚材使用量，延长钢材使用寿命，提高社会资源利用效率。生产高附加值的碳钢薄板、厚板与钢管等钢铁精品，高等汽车板、高效高牌号无取向硅钢和低温高磁感取向钢，以及冷轧超高强钢等部分产品达到国际领先水平，部分产品实现全球首发。

宝钢股份将低碳环保、可持续发展的理念延伸到原料、设备采购等供应链环节，推进供应商实施相关环境管理体系认证，跟踪行业环保要求，对采购物品进行绿色属性识别、评估。通过制定采购政策，倡导资源节约、环境友好，产品全生命周期价值最大化的理念，向上下游企业传递绿色经营理念，引导供应商和客户追求经济效益、环境效益和社会效益协调发展，打造阳光、共担责任的绿色供应链。发展电子商务，完成采购供应信息系统升级改造项目，有效支撑采购成本改善，促进采购供应效率提升，支持快节奏智慧物流，保障了采购业务的规范稳定运行，起到了提升信息共享水平，降低资源消耗的作用。

公司不断加强节能和减排管理，坚持全流程技术节能、能源结构优化、煤气化工产品化，采取强化传热、低品位余能回收、流体系统优化、工业炉窑节能等，推进新能源、低碳燃料应用稳步发展。公司推进能源流、价值流、信息流和设备状态管理体系，关注能效因子和关键能源，不断推进管理节能。开展合同能源管理，采用冶炼工艺流程节能与能源替代技术，推进技术节能。

公司将先进钢铁产品制造、能源高效加工转换、社会大宗废弃物综合利用作为企业的三大功能，坚持资源利用效率优先和循环利用原则，持续改善低碳工艺，不断降低生产过程中的资源、能源消耗，采用先进的生产工艺和污染控制措施，加强管理，以最低的能源资源消耗和最小的污染排放完成钢铁产品的生产过程。

（三）节能减排投入与效果

2017年宝钢股份能源、资源综合利用水平在行业处于先进水平，资源方面，消耗铁矿石成品矿2185万吨、废钢298.8万吨、原水6042万立方米。能源方面，通过改进节能技术，实现技术节能量8.87万吨标准煤，能源指标以2014年为基准，近四年来情况见表4-1。

表4-1 近四年来宝钢股份主要能源指标情况

指标	2017年	2016年	2015年	2014年
吨钢综合能耗	0.96	0.97	0.97	1.00
余能回收总量	1.12	1.11	1.04	1.00
吨钢耗新水	0.89	0.93	0.95	1.00

数据来源：2017宝钢股份社会责任报告。

第五章

2018年石化和化工行业节能减排进展

石化和化工行业，资源、资金、技术密集，经济总量大，产品应用范围广，产业关联度高，在国民经济中占有重要的地位，是国民经济的重要支柱产业和基础产业，我国已成为世界石化和化工产品生产和消费大国，成品油、乙烯、合成树脂、无机原料、化肥、农药等重要大宗产品产量位居世界前列，基本满足国民经济和社会发展需要。据国家统计局统计，2018年石化行业主要产品继续保持增长，乙烯产量1841万吨，增长1.0%，行业效益向好，多数产品价格较上年大幅上涨；持续推进城镇人口密集区危险化学品生产企业搬迁改造，进一步优化产品结构，行业节能环保技术不断推广应用，产品能耗不断降低，行业绿色管理不断加强。镇海炼化、中国石油在节能减排方面成效突出。

第一节 总体情况

一、行业发展情况

2018年，工业和信息化部继续按照国务院办公厅印发的《关于推进城镇人口密集区危险化学品生产企业搬迁改造的指导意见》，制定2018年危化品搬迁改造标准，构建危化品搬迁改造项目库，推进城镇人口密集区危险化学品生产企业搬迁改造。石化联合会发布《石化绿色工艺名录（2018年版）》，引导企业在技术改造、项目建设中采用先进绿色工业技术，推动石化产业绿色可持续发展。

2018年石化行业主要产品继续保持增长，乙烯产量1841万吨，增长1.0%

（见图 5-1）。我国的乙烯生产主要集中在中国石化和中国石油，两者的产能占全国的近 90%，乙烯朝着规模化、一体化、基地化、产业集群化等方面发展。

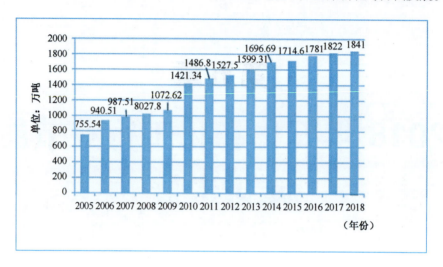

图 5-1　2005—2018 年我国的乙烯产品年产量

（数据来源：国家统计局，2018 年 02 月）

2018 年石化行业生产总体平稳，增加值持续增长，效益保持良好态势，出口量及品质继续提升，规模以上企业完成出口交货值增速比上年增加 5.9 个百分点，同比增长 22.0%，专用化学品、合成材料、有机化学原材料制造等出口量快速增长。

生产平稳。2018 年石化和化学工业主要产品中，乙烯产量增长 1%，为 1841 万吨；化肥同比下降 5.2%，总产量（折纯）为 5459.6 万吨；硫酸产量同比增长 1.8%，为 8636.4 万吨；烧碱产量同比增长 0.9%，为 3420.2 万吨；多晶硅产量同比增长 2.5%，为 32.5 万吨；纯苯产量同比增长 4.7%，为 827.6 万吨；甲醇产量同比增长 2.9%，为 4756 万吨；合成材料总产量同比增长 7.5%，为 1.58 亿吨；轮胎产量同比增长 1.0%，为 8.16 亿条。

行业效益继续好转。石化行业市场价格保持上涨，供需结构进一步改善，行业效益再创新高，化学工业价格涨幅为 6.2%（价格指数）。石化行业效益持续增长，行业利润总额增速达 30%，大幅领先全国规模工业平均增速（10.3%）。

二、行业节能减排主要特点

石化行业对能源的依赖度高，能源不仅为石化行业提供燃料和动力，也是某些产品的重要原料。其中，作为原料的能源消耗量约占行业总能耗的 40%

（不含原油加工）。2018 年为了贯彻《关于促进石化产业绿色发展的指导意见》，石化联合会制定了《石化绿色工艺名录（2018 年版）》推进石化产业转型升级和绿色发展。

（一）产品结构持续优化

石化行业围绕轨道交通、汽车、国防军工、航空航天、电子信息、新能源、节能环保等关键领域，发展特种橡胶及弹性体、高性能纤维及其复合材料、功能性膜材料；高性能水处理剂、表面活性剂、电子化学品；高性能润滑油、清洁油品、特种沥青、特种蜡、高效低毒农药、水性涂料和水性肥料等绿色石化产品，不断满足人民群众对绿色生产生活和安全环保方面的需要。

（二）推广应用先进技术

石化行业立足现有企业和行业基础，加快新工艺、新技术、新材料、新装备的升级，注重原始技术创新，加大先进技术的推广应用。2018 年有 41 项石油、化学和化工类项目获得国家科学技术奖，包括科技进步奖 17 项、技术发明奖 13 项、自然科学奖 11 项，涵盖了油气供应、新材料，特别是在改善民生、构建环境友好型产业的环保治理和节能减排领域，如挥发性有机气体、多金属废酸、焦化废水、废旧聚酯等污染物处理与资源化等方面的创新成果逐步得到推广。

（三）产品能耗不断降低

石化行业 2018 年继续组织实施能效领跑者活动，不断提高石化行业产品能效水平，缩小与国际先进水平之间的差距，部分企业的能效已接近或达到世界先进水平。2018 年能效领跑者活动涵盖原油加工、乙烯、合成氨、甲醇、电石、烧碱等 17 种化工产品、28 个品种。对比上年度 17 种产品的单位产品综合能耗，有 24 种产品能效第一名的单位产品综合能耗比上年有所下降或持平，其中降幅最高的是醋酸行业，下降了 14.8%。从企业层面看，上年公布的 27 个能效第一名的企业中，有 8 家被新的企业取代，能效"领跑者"活动形成了"比学赶超、积极降耗"的态势。

（四）行业绿色管理不断加强

为提升石化产业绿色发展水平，加强管理，2018 年中国石油和化学工业联合会，组织开展了2017年度的石油和化工行业重点耗能产品能效领跑者评选，发布了《2017年度石油和化工行业重点耗能产品能效领跑者标杆企业名单和指标》。开展了石油和化工行业绿色工厂和绿色产品评选，行业评选了44家2018年度石油和化工行业绿色工厂，133种产品被评为行业绿色产品。发布了《石化绿色工艺名录（2018年版）》。石油和化工行业不断加快实施全产业链绿色化改造，积极加强绿色制造试点示范，加快推进全行业绿色转型。

第二节　典型企业节能减排动态

一、镇海炼化

（一）公司概况

中国石油化工股份有限公司镇海炼化分公司（简称"镇海炼化"）是中国石油化工股份有限公司控股的特大型企业，始建于1975年的浙江炼油厂，1984年更名为中国石化镇海石油化工总厂，1994年股份制改制成立镇海炼化股份公司在香港上市，2006年撤回上市，更名为中国石油化工股份有限公司镇海炼化分公司。公司位于宁波市东北端海滨，主要从事原油加工及石油制品制造，产品主要有汽油、柴油、煤油、航空油、石脑油、液化气、沥青、芳烃、溶剂等。

镇海炼化目前拥有2300万吨/年的原油加工能力、100万吨/年的乙烯生产能力、4500万吨/年的海运码头吞吐能力，390万立方米的罐储能力，构建了"大炼油、大乙烯、大码头、大仓储"产业。近年来荣获"全国五一劳动奖状""全国模范劳动关系和谐企业""全国文明单位""中央企业先进集体""中国节能减排领军企业""低碳经济发展突出贡献企业"等荣誉。

（二）主要做法与经验

镇海炼化全面实施"价值引领、创新驱动、资源统筹、开放合作、绿色低碳"的发展战略，打造绿色高效的能源化工企业。公司不断开发绿色低碳生产技术，研发生产环保新材料，促进煤炭清洁化资源化利用。

促进资源高效利用，实施废物零排放。围绕安全环保型延迟焦化密闭除焦、输送及存储研发成套技术，解决在除焦、露天取焦、输送过程中产生的粉尘和异味，建成全过程清洁生产的延迟焦化密闭除焦系统。选择先进的设计理念、清洁的生产工艺和综合利用技术组织生产，构建高利用型内部产业链、废弃物零排放为架构的内部循环经济模式，实现内部资源高效利用，在延伸产业链方面，走出厂界，做好产品和副产品的互供物料。

镇海炼化实施技术改造，形成产品绿色标杆。推动产品质量与国际接轨，汽油、柴油、煤油等炼油产品以及聚乙烯、聚丙烯等化工产品成为不同时期的绿色标杆。通过实施乙烯装置优化系统，实现裂解炉、急冷单元的在线闭环优化，提高乙烯高附收率 0.42%，达到历史最好水平，稳居中国石化先进行列。通过优化裂解炉烧焦程序，降低烧焦起始温度，调整烧焦过程，降低烧焦堵管数。

实施 24 小时监测，建立乙烯装置日常能耗绩效和主要设备能耗监控，实现加热炉效率在线监控，优化瓦斯、蒸汽、风等管网监控，提前预防，及时优化，使乙烯能效水平保持在行业领先水平，日常"三废"综合利用设施和末端治理设施平稳运行。

（三）节能减排投入与效果

2017 年，公司连续三年的公开自动监测年度报告中，其主要污染物见表 5-1。

表 5-1　近三年镇海炼化主要污染物排放情况

指标	单位	2017 年	2016 年	2015 年
COD 排放量	吨	170.49	166.83	177.95
氨氮	吨	4.34	3.75	4.34
氮氧化物	吨	2701.06	2604.91	2917.39
二氧化硫	吨	582.38	592.54	816.27
烟尘	吨	97.66	124.23	177.35
处理油泥浮渣、碱渣	吨	126034	122247	132999

数据来源：浙江省企业自行监测信息公开平台《镇海炼化 2015—2017 年度报告》。

二、中国石油

（一）公司概况

中国石油天然气股份有限公司（简称"中国石油"）成立于 1999 年，由中国石油天然气集团有限公司独家发起设立，2000 年在纽约证券交易所及香港联合交易所上市，2007 年在上海证券交易所上市。公司主要从事石油、天然气相关业务，包括原油和天然气的勘探、开发及生产、销售，原油和石油产品的炼制、运输、储存和销售，石油化工产品、衍生化工产品的生产和销售及天然气、原油和成品油的输送和销售，2017年《财富》杂志"中国500强"排行榜位居第2名。

（二）主要做法与经验

加强生态环境保护。制定《生态保护行动纲要》，实施华北油田绿色生态油气田示范、打造兰州石化生态工业园区、建设"一带一路"油气通道绿色工程、以南疆天然气利民工程打造清洁能源小镇、在吉林油田开展莫莫格自然保护区绿色和谐共建、以建设碳汇林方式助力地方政府植树造林六大生态保护重点工程，完善生态保护制度。建立实施预测、预警、监控的风险防控管理模式，完善环境管理机制。加大对企业的监督考核，建成"三级环境监测、环境应急监测和污染源在线监测"的环境监测网络框架，做好源头治理和过程控制。2017年加工每吨原油节约新鲜水0.51立方米，同比减少1.9%。公司全年节水1101万立方米。

加强废弃物及污染物治理。严格执行国家及各地区环保法律法规，严格监控生产过程中排放的污染物、废弃物，加强管理，减少向大气、土壤和水中的排放。全民排查整改环境污染、生态破坏问题，通过减排和减低噪声、减少耕地占用，做好水土保护、植被恢复等措施，减少对生态环境的影响。2017年公司制定《污染物排放达标升级计划》，提出了12个环保重点治理方向，覆盖水、噪声、气、固体废弃物等。

推进能源节约。开展节能技术交流和推广应用，组织重点用能单位制定和实施能源管控工作计划，提升能源利用效率，减少能源消耗。2017年全年节能量为82万吨标准煤。推广生产过程"气代油""电代油"等，推进挥发性有机物的综合治理。建立温室气体核算报告信息系统，根据国家温室气体排放核算报告指南与技术规范，开展温室气体排放核算。积极推进发展低碳能源，发展天然气、页岩气、煤层气和生物质能等低碳能源，开发利用地热、太阳能等可再生能源，加大天然气水合物的开发利用探索，积极改善我国能源结构。

第六章

2018 年有色金属行业节能减排进展

有色金属工业以开发利用矿产资源为主,是国家经济、科学技术、国防建设等发展的重要物质基础,是关系国计民生的重要行业。我国有色金属工业发展迅速,基本满足经济社会发展和国防科技工业建设的需要。2018 年有色金属行业主要产品继续保持增长,2018 年全国十种有色金属产量 5688 万吨,同比增长 6.0%,主要产品价格继续回升;在节能减排方面,产业结构进一步优化,利用综合标准依法依规推动落后产能退出,不断加大技术推广力度,再生金属支持力度不断加强。铜陵有色、自贡硬质合金典型企业在节能减排方面成效突出。

第一节 总体情况

一、行业发展情况

2018 年有色金属行业继续按照国务院印发的《关于营造良好市场环境促进有色金属工业调结构促转型增效益的指导意见》以及《有色金属工业发展规划（2016—2020 年）》提出的目标任务,推动我国有色金属工业迈入世界有色金属工业强国。

2018 年我国有色金属行业主要产品继续保持增长,有色金属产量已连续 17 年位居世界第一。2018 年产量达到 5688 万吨。2005 年以来有色金属产量变化如图 6-1 所示。

2018 年全国十种有色金属产量同比增长 6%,为 5688 万吨。其中,精炼铜产量同比增长 7.9%,为 903 万吨;原铝产量同比增长 7.4%,为 3580 万吨;精铅产量同比增长 9.8%，为 568 万吨；锌产量同比下降 3.2%，为 568 万吨。氧化铝产量同比增长 9.9%，为 7253 万吨；铜材产量同比增长 14.5%，为 1716 万吨；铝材产品同比增长 2.6%，为 4555 万吨。

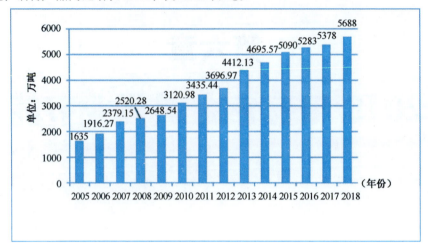

图 6-1　2005—2018 年我国十种有色金属产量

（数据来源：国家统计局 2018 年 02 月）

主要有色金属价格有升有降。2018 年，国内铜现货平均价格同比上涨 2.9%，为 50689 元/吨；铝现货价格同比下跌 1.8%，为 14262 元/吨；铅现货价格同比上涨 4.1%，为 19126 元/吨；锌现货价格同比下跌 1.7%，为 23674 元/吨。

主要有色金属进出口量同比上升。2018 年我国未锻轧铜及铜材进口量同比增长 12.9%，为 529.7 万吨；未锻轧铝及铝材出口量同比增长 20.9%，为 579.5 万吨；稀土出口量同比增长 3.6%，为 53031.4 吨。

二、行业节能减排主要特点

（一）产业结构进一步优化

2018 年我国有色金属行业严控新增产能，清理整顿电解铝行业违法违规项目，国家发改委、工信部联合发布《关于促进氧化铝产业有序发展的通知》，组织开展氧化铝产业发展战略研究，统筹产业发展规模和布局。严格项目管理，加强事中事后监管，对新建氧化铝项目严格执行特别排放限值标准。鼓励企业加快转型升级，实施数字化、网络化、智能化改造，围绕节能、赤泥资源化综合利用、复杂硬铝石铝土矿处置等，推进科技成果转化，鼓励企业兼并重组，重点整合区域市场，延伸上下游产业链条。

（二）通过环境保护标准，提升行业绿色发展水平

2018年生态环境部发布了有色金属冶炼行业污染源源强核算技术指南，给出了铜、铝、铅、锌等11种金属典型冶炼工艺主要入炉物料、燃料及产物的种类，分别细化并列出了11种有色金属冶炼过程生产排污环节以及主要污染物，并阐述了核算方法。改造指南识别了可能产生废水、废气、噪声、固体废物的场所、设备或装置；对生产过程可能产生的污染物，根据原辅料及燃料使用和生产工艺情况进行了污染物确定；按照不同污染物给出了各种核算方法的优选次序，确定了核算方法的选取，对丰富污染源源强度核算技术体系，提升行业绿色发展水平具有重要意义。

（三）技术水平不断提升

有色金属工业围绕产业技术发展难点和重点，不断加大重点技术的研发与推广应用。2018年有色金属行业共有10项成果获国家科学技术奖励，多数奖项集中在节能减排、资源综合利用方面。提升冶炼多金属废酸资源化治理关键技术，聚焦资源最大化、污染最小化，形成了废酸资源化治理整体工艺；锌清洁冶炼与高效利用关键技术和设备，聚焦锌冶炼清洁生产与高效利用的共性技术，从源头减排、全过程优化和装备升级等三个方面，开发了系列锌冶炼清洁生产及稀散金属综合回收技术；基于硫磷酸混酸协同浸出的钨冶炼新技术、复杂组分战略再生金属关键技术创新及产业化、电子废弃物绿色循环关键技术及产业化等，这些技术为有色行业发展提供了强有力的支撑。

（四）再生有色金属产业不断壮大

再生金属回收利用是有色金属工业节能减排的重要途径，2018年再生有色金属产量稳定增长，原料进口量数量减少，品质有所提升；国内回收量稳步提高。再生有色金属企业投资意愿不断增强，国外企业加快在我国布局，四川广元、广西百色、江苏连云港、内蒙古通辽等地规划建设有色金属基地。有色金属工业供给侧结构改革和绿色发展推动有色金属再生比例不断提高，研究再生有色金属布局，"原生+再生"的企业逐步增多。国家推行污染防治攻坚战和蓝天保卫战为发展循环经济、促进资源循环利用提供了难得的机遇。再生有色金属企业积极创建国家级绿色工厂、绿色园区，产业链上下游协同发展，重构产业生态圈，区域协调发展不断推进。

第二节　典型企业节能减排动态

一、铜陵有色

（一）公司概况

铜陵有色金属集团股份有限公司（简称"铜陵有色"）成立于1992年，是安徽省的第一家股份公司，1996年在深圳证券交易所上市。铜陵有色主要从事铜矿勘探、采选、冶炼和加工，拥有上下游一体的完整产业链，在矿产资源储备、铜冶炼、加工等方面具有优势。公司拥有国家级技术中心和国家认可的实验室，曾获国家科技进步一等奖2项、国家科技进步二等奖7项。

2017年铜陵有色生产铜精矿含铜4.7万吨、阴极铜127.85万吨。实现营业收入824.3亿元，利润总额10.39亿元。

（二）主要做法与经验

铜陵有色持续开展"安全环保、意识先行"的主题活动，把防控放在前面，严抓严管，推行风险管理，加大"三违"查处力度。推进矿山"三位一体"、地表"二位一体"建设，向外协队伍派驻安全管理人员。开展岗位风险辨识，加强检查考核，开展隐患排查治理，及时消除安全隐患。

加强环保应急管理，组建矿山救护大队。积极淘汰落后产能，践行绿色发展理念，2017年关停金昌冶炼厂，减少二氧化硫排放3006.52吨/年，减少烟粉尘排放314.44吨/年。加强环保项目验收，对危险废物及涉重金属物料进行综合利用和无害化管理，做到清污分流，杜绝超标排放。

坚持创新驱动，不断提升创新发展能力。2017年获批筹建"安徽省铜基电子材料及加工技术工程研究中心"，被评为省级"铜加工工程技术研究中心"。荣获安徽省2017年科学技术奖3项、中国有色金属工业协会科学技术奖4项，获受理专利93项，其中2项获安徽省专利金奖。主持或起草国家、行业、地方标准9项，其中2项被评为中国有色金属工业科学技术奖。

（三）节能减排投入与效果

2017年公司产品能耗持续下降，阴极铜综合能耗同比下降10%，铜板带综合能耗同比下降16%，铜加工综合成品率及铜板带、锂电箔、黄铜棒、铜杆等成品率持续提高。

铜陵有色2017年二氧化硫排放同比下降36%，烟尘排放同比下降70%；氨氮排放同比下降 33.4%；废水中重金属镉排放同比下降 80%、砷排放同比下降 72%、汞排放同比下降 64%、铅排放同比下降 59%，节能减排效果显著。

二、自贡硬质合金

（一）公司概况

自贡硬质合金有限责任公司（简称"自贡硬质合金"）1965 年建厂，是我国自主创建的第一家大型硬质合金和钨钼制品企业，2006 年通过产权制度改革并入湖南有色股份，2010 年并入五矿集团。公司在职员工 3500 人，总资产 22 亿元，从事硬质合金、硬面材料、钨钼制品三种产品的研发、生产、经营，设有 6 个专业产品生产厂、6 个控股子公司、2 个分公司，拥有 200 多个牌号、3 万余个规格型号的产品，产品广泛用于机械、冶金、矿山、石油、建筑、航空航天、电子等领域。公司拥有 100 多项科研成果和国家重点新产品，获得授权专利 160 多项。

（二）主要做法与经验

加强体系建设，提升能源管理水平。采取工艺控制、合理生产组织等管理措施，降低能源成本。启动能源管理体系认证，采用系统的方法对能源消耗进行控制和持续改进。开展能源评审，形成公司和分厂的能源评审报告，客观全面反映各层级能源使用和消费现状，建立能源管理手册、16 个程序文件、13 项规章制度、作业指导书，分四个层次，减少了工作的随意性。

公司以技术改造为关键，深挖节能降耗空间，在公共系统实施管网优化、子系统改造、电能质量提升等 50 多个项目，能源利用效率进一步提升。在能源消耗占公司总量 50% 的粉末分厂，采取改进氢气回收系统、提高碳化炉推进速度、提高天然气燃烧率等措施，减少能源消耗。在烧结工序中，通过努力实现满炉烧结等措施，提高能源利用效率。另外，通过优化动力管网、调整控制参数等措施，降低水、电及压缩空气的使用。

（三）节能减排投入与效果

2017 年公司投资 300 余万元，对喷砂收尘系统、氨尾气处理改造系统等环保设施进行更新改造。废水处理设施、废气处理设施、固体废物处理处置设施运行良好。污染物中 COD、氨氮、悬浮物、二氧化硫、氮氧化物等达标排放，达到排污许可证指标。产生的废矿物油、废石蜡、废机油等危险废物全部委托有资质的危废公司进行处理。

第七章
2018年建材行业节能减排进展

建材行业是我国重要的原材料工业，是国民经济的重要基础产业，是促进工业绿色低碳循环发展的重要领域。传统建材行业主要包括水泥、平板玻璃、陶瓷和砖、瓦、砂石等产品的制造。建材行业在国家政策的引导下，不断延伸产业链，提高产品附加值，逐步由原材料向加工制品转变，取得了初步成效。同时，发展不平衡、不充分的矛盾进一步加剧，资源消耗高、能源依赖强、环境敏感等特点没有改变，"十三五"期间，节能减排仍将是建材行业的重要任务之一。

第一节 总体情况

一、行业发展情况

随着我国工业化和城镇化的不断发展，建筑材料的需求日益增长，2018年，建材行业各项经济指标平稳运行，继续保持增长态势。

一是工业生产总体平稳。根据国家统计局数据，2018年全国水泥产量21.8亿吨，同比有所下降；商品混凝土产量18亿立方米，同比增长12.4%，增速比上年提高3.1个百分点；平板玻璃产量8.7亿重量箱，同比增长2.08%，增速比上年回落1.4个百分点；技术玻璃、玻璃纤维布、陶瓷砖、花岗石建筑板材、防水建筑材料等产品产量同比保持增长。

二是产品价格上涨。根据中国建材联合会数据，2018年建材及非金属矿产品平均出厂价格同比上涨10.5%，全国通用水泥、平板玻璃平均出厂价格同比分别上涨22.1%、3.8%。2018年12月，建材及非金属矿产品出厂价格指数为115.4，环比上涨2.9个百分点；全国市场P.O 42.5散装水泥平均价格为492元/

吨，环比上涨 12 元/吨，涨幅为 2.5%；2018 年平板玻璃价格呈现先扬后抑态势，12 月出厂价 75 元/重量箱，回落至年内低位，但全年平均价格同比上涨 3.8%，总体实现稳中有升。

三是效益明显提升。国家统计局数据显示，2018 年，建材行业规模以上企业主营业务收入为 48445.80 亿元，比上年增长 15.2%；利润总额 4287.8 亿元，比上年增长 43%。其中，水泥制造行业实现利润 1546 亿元，同比增加 1.1 倍；平板玻璃行业实现主营业务收入 760 亿元，同比增长 7.2%，利润总额 116 亿元，同比增长 29.1%，创近年来最大增幅。

四是投资增长较快。2018 年限额以上非金属矿采选业固定资产投资同比增长 26.7%，非金属矿制品业固定资产投资同比增长 19.7%。从调查情况看，技术改造及环保投入增长对 2018 年建材行业固定资产投资增长贡献较大。

虽然 2018 年建材行业总体稳中有升，但平稳运行的基础尚不稳固。整个行业产能过剩等结构性矛盾依旧存在，产业组织结构、企业结构、技术装备结构、产品和品种结构等不合理，发展不平衡、不充分的矛盾普遍存在，先进和落后产业技术多层次并存，多层次企业并存且数量过多，传统的发展理念、发展方式、资源配置方式等尚未得到根本改变，整体经济运行效率较低。

2005—2018 年我国水泥产量情况见图 7-1。

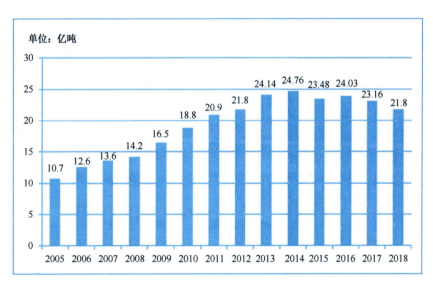

图 7-1　2005—2018 年我国水泥产量

（数据来源：国家统计局，2019 年 2 月）

二、行业节能减排主要特点

2018年是落实《中华人民共和国国民经济和社会发展"十三五"规划》《关于促进建材工业稳增长调结构增效益的指导意见》《建材工业发展规划（2016—2020年）》等文件的关键年。2018年，多部门联合开展行动推动行业节能减排，主要有以下特点。

（一）两个"二代"技术研发成功，行业绿色制造水平大大提升

历时五年多，水泥、玻璃两个"二代"生产工艺技术装备自主研发成功，实现迭代突破，其中50%的技术、装备，包括节能减排技术装备，达到世界领先水平。随着两个"二代"生产工艺技术装备的产业化应用，将极大地提升水泥、平板玻璃的绿色制造水平。

（二）污染物减排与资源综合利用成效显著

建材行业主要污染物排放总量，几十年来一直与产值同步增长，直到2015年才出现与产值增长脱钩的历史转折。2017年，脱硝、脱硫除尘装置在水泥、玻璃、建筑卫生陶瓷三个产业装配率为85%以上，污染物排放达标率分别为92%、93%、90%左右。2017年规模以上建材行业污染物排放总量比2015年下降2.7%。其中，二氧化硫排放总量比2015年下降1.6%，氮氧化物排放总量比2015年下降0.7%，烟粉尘排放总量比2015年下降5.7%。

行业发布了《关于推进绿色建材发展与应用的实施方案》，通过推广利用废弃物生产的透水砖、蒸压砖、人造石等绿色建材，促进消纳固体废弃物，实现资源综合利用。据测算，目前建材工业资源综合利用量超过10亿吨。同时，加快推广废弃物协同处置，截至2017年年底，水泥窑协同处置应用工业废弃物、城市污泥、生活垃圾及危险废弃物等，已经在全国20多个省，80余条生产线上得到应用，年处理废弃物能力约超过800万吨。

（三）加快制定绿色制造相关标准，初步建立绿色制造体系

在绿色工厂方面，建材行业根据《工业和信息化部办公厅关于印发2017年第一批行业标准制修订计划的通知》（工信厅科函〔2017〕40号），完成了四项行业标准工作：玻璃工业绿色工厂评价技术要求、建筑陶瓷行业绿色工厂评价技术要求、水泥行业绿色工厂评价技术要求、卫生陶瓷行业绿色工厂评价技术要求。完成两项协会标准：砂浆行业绿色工厂评价导则、预拌混凝土绿色智能

工厂评价技术要求。同时，积极推进石膏板、耐火材料、砌体材料、建筑涂料、建筑用塑料管材、金属及金属复合装饰材料、人造板、保温材料等绿色工厂评价技术细则等工作。目前行业内共创建绿色工厂35家。

在绿色产品方面，建材行业已经通过了10项绿色产品评价国家标准，分别是：人造板和木质地板、涂料、卫生陶瓷、建筑玻璃、墙体材料、家具、绝热材料、防水与密封材料、陶瓷砖（板）、木塑制品等绿色产品标准，有利于绿色建材产品的评价与推广。目前，已有2种产品被评为绿色产品。同时，由住建部与工信部联合牵头的绿色建材评价标识工作也顺利开展起来，已经通过了砌体材料、保温材料、预拌混凝土、预拌砂浆、玻璃、陶瓷砖和卫生陶瓷等7类产品的绿色建材评价实施细则。

第二节　典型企业节能减排动态

一、蒙娜丽莎集团

（一）公司概况

蒙娜丽莎集团（简称"蒙娜丽莎"）成立于1992年，前身是原樵东墙地砖厂。1999年成立了企业研发中心，2004年被认定为"广东省建筑陶瓷工程技术研究开发中心"，2005年被认定为"广东省企业技术中心"，2008年被认定为国家高新技术企业，2010年被评为国家火炬计划重点高新技术企业。截至2018年6月，蒙娜丽莎共获得专利授权695项，其中发明专利62项（含国外发明专利2项），实用新型专利56项，外观设计577项。2017年，蒙娜丽莎被工信部列入绿色工厂名单；2017年12月19日，蒙娜丽莎在深圳证券交易所主板挂牌上市。2018年，蒙娜丽莎营业收入32.08亿元，同比增长11.02%；净利润3.63亿元，同比增长20.28%。

（二）绿色发展

一是通过技术创新实现超低排放。蒙娜丽莎经过多方论证，联合科行环保、科达洁能共同完成了国内首例陶瓷行业超低排放环保改造EPC项目，2014年，投入上千万元对西樵生产基地3号烟气排放口进行除尘、脱硝等环保整治升级工作，治理后各项指标率先全天候稳定达到国家标准排放要求；2015年至2016年，蒙娜丽莎又引进国内最先进的"烟气多种污染物协同控制技术与装备"和"建筑陶瓷烟气一站式净化技术与装备"，成功实现了国内首例、国际领先的陶瓷行业多种污染物协同控制及超低排放。

二是推出革命性的陶瓷薄板，实现产品生态设计。由于传统技术水平跟不上，瓷砖要做大，只能做厚，而一旦做厚，资源、能源消耗就高、排放量也大。2006年，蒙娜丽莎启动了大规格陶瓷薄板的项目，给薄板定了两种厚度，一种是3.5mm，一种是5.5mm。2007年10月，蒙娜丽莎与科达洁能联合开发出国内首条干压大规格陶瓷薄板生产线，并落户蒙娜丽莎。该线的使用，使陶瓷薄板生产成为现实，实现了产品轻量化，降低了生产过程中的能源、资源消耗，减少了污染物排放。

（三）节能减排效果

蒙娜丽莎通过实施超低排放环保改造EPC项目，解决了陶瓷行业大气污染物治理措施相对单一的问题，经环保部指定检测单位检测，项目实施后，排放口粉尘排放为 $4.9mg/Nm^3$，SO_2 排放为 $16mg/Nm^3$，NOx 排放为 $42.4mg/Nm^3$，氨逃逸小于 1ppm，SO_2 再去除率＞30%，重金属及其化合物（主要指铅、镉、镍）脱除率＞40%，氟化物及氯化物脱除率＞50%，各项指标远低于《陶瓷工业大气污染物排放标准》。陶瓷薄板与传统瓷砖相比，可节约资源75%，降低能源消耗59%，减排各种烟尘废气64%以上，减少固废排放70%。

二、中国联合水泥河南区

（一）公司概况

中国联合水泥集团有限公司（简称"中国联合水泥"）成立于1999年6月，是中国建材集团有限公司的核心企业。中国联合水泥拥有全资及控股大型企业100余家，分布于山东、江苏、河南、河北、安徽、山西、内蒙古、北京等省市自治区。水泥年产能1亿吨，商品混凝土年产能2亿立方米，骨料年产能4000万吨，总资产近900亿元，员工2.4万人。河南运营管理区目前拥有南阳中联、淅川中联、洛阳中联、安阳中联、卧龙中联等16家企业和河南中联节能公司。

（二）绿色发展

一是全程无死角降尘。中国联合水泥对所有生产环节全程升级改造，无死角做好粉尘排放治理。在炉窑改造环节更换收尘效率更高的滤袋，加强袋口和袋笼的密封；扩容收尘器，增大过滤面积；加长滤袋，降低过滤风速；对收尘器风道内所有漏点和疑似漏点全部打磨补焊；对收尘器本体及烟道进行防腐处理，防止锈蚀泄漏；加强对人孔门和观察门的密封；检修后严格进行荧光实验，排除肉眼难以察觉的泄漏点。此外，在仓储、矿山开采、运输环节，也进行了全方位、全覆盖粉尘排放治理。新建物料大棚，所有物料入库进棚；在大棚车辆出入口，采用整体的棉质防尘帘密封；车辆出入口安装冲洗装置；不间断对厂区道路、堆场清扫除尘，定期在厂区内洒水、喷雾；在矿山开采中，架设雾炮喷雾，湿法作业；坚持边开采边治理，开采后的边坡及时覆盖、恢复植被；主运矿道路硬化，增设喷淋设施；所有装车点安装集风罩，装车道出入口安装电动升降门，积极尝试自动插袋、装车。

二是攻克脱硝难题。2018 年，河南省提出了水泥行业超低排放限值，具体为水泥窑废气颗粒物、二氧化硫、氮氧化物排放浓度分别不高于 $10mg/m^3$、$35\ mg/m^3$、$100mg/m^3$。基于水泥行业现状，要实现上述三大污染物超低排放目标，难度并不相同。总体来看，颗粒物、二氧化硫实现超低排放要求问题不是很大，但氮氧化物减排却成了最大难点。水泥企业现有的 SNCR（选择性非催化还原）脱硝技术很难实现超低排放标准，如果替换成在燃煤电厂广泛使用的 SCR（选择性催化还原）脱硝技术，又将大幅增加运营成本，面临着无法实际运用的困难。中国联合水泥河南运营管理区对水泥行业的脱硝难点进行攻关，通过采用低氮燃烧、分级燃烧和 SNCR 脱销等技术的组合，并对喷枪位置和控制方法进行优化，中国联合水泥河南区水泥生产线全部实现氮氧化物排放浓度控制在 $100\ mg/m^3$ 以内。

（三）节能减排投入与效果

根据统计，中国联合水泥河南运营管理区近三年投入 3 亿多元，进行绿色制造升级、绿色矿山建设，实施超低排放改造、无组织排放治理、环保监测设备升级、矿区复绿复垦、厂区绿化美化，仅 2018 年前 10 个月完成环保投资（不含矿山治理、复绿）即达 1.6 亿元。监测显示，中国联合水泥河南运营管理区所有企业的 14 条生产线完成超低排放改造后，污染物排放量均同比降低 50%至 70%，大部分企业颗粒物排放浓度已低至 $5\ mg/m^3$。因成效显著，多家企业被授予省市"绿色生产示范企业""清洁生产企业"。其中卧龙中联水泥生产线，通过采用热碳催化还原复合脱硝技术，把脱硝效率从 70%提高至 85%~90%。经过实际运行，该条生产线氮氧化物排放浓度可控制在 $50\ mg/m^3$ 以内，大大低于 $100\ mg/m^3$ 超低排放限值，成为水泥行业内低成本超低排放的实际应用典范。

第八章
2018年电力行业节能减排进展

电力行业作为我国国民经济的基础性支柱行业，与国民经济发展息息相关。改革开放40年来，我国电力工业取得了巨大成就。与1978年相比，2018年全国发电装机容量增长了33倍，规模居世界第一位，发电量增长了27倍，人均用电量超出世界平均水平。建设以绿色电力为特征的现代电力系统，是支撑未来中国绿色经济体系，实现能源资源更优化配置，建设美丽中国的前提和保障。

第一节　总体情况

一、行业发展情况

2018年，全国发电装机容量增速平稳（见图8-1），电力生产延续绿色低碳发展趋势，用电增速回升，电网峰谷差加大，电力消费结构继续优化，全国电力供需形势从前几年的总体宽松转为总体平衡。

根据中国电力企业联合会数据，2018年，全国全口径发电装机容量19.0亿千瓦、同比增长6.5%。其中，水电装机容量3.5亿千瓦、火电装机容量11.4亿千瓦、核电装机容量4466万千瓦、并网风电装机容量1.8亿千瓦、并网太阳能发电装机容量1.7亿千瓦。2018年，全国全口径发电量6.99万亿千瓦时、同比增长8.4%。其中，水电发电量1.23万亿千瓦时、同比增长3.2%；火电发电量4.92万亿千瓦时、同比增长7.3%；全国并网太阳能发电、风电、核电发电量分别为1775、3660、2944亿千瓦时，同比分别增长50.8%、20.2%、18.6%。

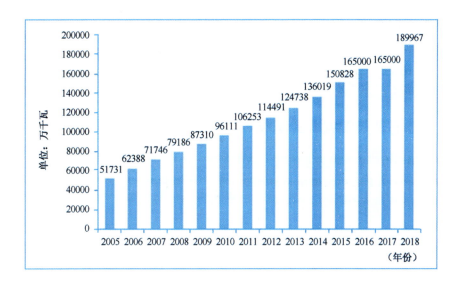

图 8-1 2005—2018 年全国装机容量

（数据来源：中国电力企业联合会、国家统计局，2019 年 2 月）

2018 年，电力生产延续绿色低碳发展趋势，发电装机绿色转型持续推进，非化石能源发电量快速增长。2018 年全国煤电装机容量 10.1 亿千瓦，占总装机容量的比重为 53.0%，同比降低 2.2%；其中，新增煤电装机容量 2903 万千瓦，同比减少 17%，为 2004 年以来的最低水平。全国非化石能源发电装机容量 7.7 亿千瓦，占总装机容量的比重为 40.8%，比上年提高 2 个百分点；其中，新增非化石能源发电装机容量占新增总装机容量的 73.0%，比上年提高 6 个百分点。全国非化石能源发电量 2.16 万亿千瓦时，同比增长 11.1%，占总发电量的比重为 30.9%，比上年提高 0.6 个百分点。

2018 年，全国全社会用电量 6.84 万亿千瓦时，同比增长 8.5%，同比提高 1.9 个百分点，为 2012 年以来最高增速。其中，工业用电量增长较快，高技术及装备制造业用电领涨。2018 年，全国工业用电量 46456 亿千瓦时，同比增长 7.1%，同比提高 1.6 个百分点；高技术及装备制造业用电量同比增长 9.5%，与同期技术进步、转型升级相关产业和产品的较快增长态势基本一致。

从三大产业结构和城乡居民生活用电量来看，2018 年，第一产业用电量 728 亿千瓦时，同比增长 9.8%，增速同比提高 2.3 个百分点，对全社会用电量增长的贡献率为 2.3%；第二产业用电量 4.72 万亿千瓦时，同比增长 7.2%，增速 2012 年以来新高，同比提高 1.7 个百分点，对全社会用电量增长的贡献率为 58.8%，其中，四大高载能行业用电量比重比上年降低 0.6 个百分点；第三产业用电量 1.08 万亿千瓦时，同比增长 12.7%，增速同比提高 2.1 个百分点，对全社会用电量增长的贡献率为 22.4%；城乡居民生活用电量 9685 亿千瓦时，同比增长 10.3%，增速同比提高 2.6 个百分点，对全社会用电量增长的贡献率为 16.5%。

二、行业节能减排主要特点

我国电力行业转变发展方式，积极践行绿色发展理念。近年来，发电结构进一步优化，火电机组供电煤耗持续下降，煤电超低排放和节能改造成效显著，主要污染物排放量大幅下降。

（一）发电结构进一步优化

发电装机结构进一步优化，清洁、高效、环保的超临界、超超临界先进机组比例大幅提升，2018 年火电装机容量占比总装机容量 60%，比 2017 年下降 2 个百分点。非化石能源发电量增速明显高于化石能源发电量。2018 年，全国非化石能源发电量 2.16 万亿千瓦时，同比增长 11.1%，其中，水电发电量同比增长 3.2%，核电发电量同比增长 18.6%，风电发电量同比增长 20.2%，太阳能发电量同比增长 50.8%；全国火电发电量 4.92 万亿千瓦时，同比增长 7.3%。水电、核电、风电、太阳能发电等清洁能源发电量占总发电量的比重为 30.9%，比上年提高 0.6 个百分点。

（二）火电机组供电煤耗持续下降

行业积极推动火电机组清洁有序发展，促进煤电高效、清洁、可持续发展，通过实施汽轮机通流部分改造、电机变频、锅炉烟气余热回收利用、供热改造等节能改造，不断降低供电煤耗。如图 8-2 所示，截至 2018 年年底，全国火电机组平均供电标煤耗下降到约 308 克标煤/千瓦时，比 2010 年下降 25 克标煤/千瓦时，比 2005 年下降 89 克标煤/千瓦时。目前，我国平均供电煤耗仍高于日本（306 克标煤/千瓦时）、韩国（300 克标煤/千瓦时）等效率高的国家，但已达到世界发达国家的平均水平，而且仍在逐年下降。泰州电厂二期工程 3 号机组，是世界首台百万千瓦超超临界二次再热燃煤发电机组，2018 年实现供电煤耗 264.78 克标煤/千瓦时，是全国煤电机组的最好水平，也是全球煤电领域的标杆。

（三）煤电超低排放和节能改造成效显著

2018年，我国电力工业大力实施超低排放和节能改造，通过应用先进除尘技术、高效脱硫脱硝技术，以及超低排放污染物的监测装置，实施高效亚临界机组改造、循环水余热供热改造等，大幅减少污染物排放和能源消耗，不断提升高效清洁发展水平。截至2018年年底，全国已有8.1亿千瓦煤电机组达到超低排放限值要求，占总装机容量的80%，累计完成节能改造6.5亿千瓦，形成了世界最大的清洁煤电供应体系。2018年，我国在煤电机组装机容量比2012年增加30%的情况下，二氧化硫、氮氧化物、烟尘等污染物排量分别下降86%、89%、85%以上，燃煤电厂超低排放改造对长三角、珠三角、京津冀等重点区域细颗粒物年均浓度下降的贡献分别达24%、23%和10%。

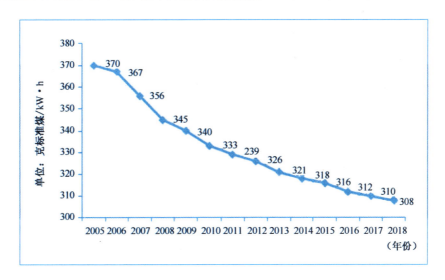

图8-2　2005—2018年火电机组平均供电标煤耗变化情况

（数据来源：中国电力企业联合会、国家统计局，2019年2月）

第二节　典型企业节能减排动态

一、中国大唐集团公司

（一）公司概况

中国大唐集团公司（简称"大唐集团"）是中央直接管理的特大型发电企业集团，是国务院批准的国家授权投资机构和国家控股公司试点单位。大唐集团主要从事电力、热力生产和供应、与电力相关的煤炭资源开发和生产,以及相关专业技术服务,业务涉及发电、供热、煤炭、煤化工、金融、物流、科技环保等领域。2017年,大唐集团资产总额7266亿元,销售收入1709.87亿元,利润总额64.68亿元。截至2017年年底,大唐集团发电装机规模13776万千瓦,其中火电9464.1万千瓦,水电2686.3万千瓦,风电1515.4万千瓦,太阳能发电108.8万千瓦。近年来,大唐集团持续投入大量资金实施节能减排项目,推动自身绿色发展,连续两年获国资委"节能减排优秀企业"称号。

(二)主要做法与经验

一是推进发电结构绿色转型。2018年,大唐集团积极化解过剩产能压力,将防范煤电产能过剩列为投资控制重点;严格压减火电投资,主动关停落后煤电产能208万千瓦;重点加强清洁、高效、环保机组的投资建设,核准电源项目430.32万千瓦,其中清洁能源占94.91%,投产的514.92万千瓦中清洁能源占52.03%。目前,大唐集团在役总装机规模1.43亿千瓦,清洁能源装机容量占比达33%,增长了13.2个百分点。

二是以技术创新为驱动,提升燃煤机组超低排放水平。大唐集团积极推动新技术研发及应用,采用SCR+SNCR组合技术,成功实现了W型火焰锅炉达到超低排放标准,攻克W型火焰炉氮氧化物控制等难题;自主研发的高效节能脱硝全流程关键技术及工程应用、燃煤电厂三氧化硫粉尘控制技术、燃煤机组烟尘一体化高效脱除与智能控制等节能环保技术,荣获电力行业技术创新一等奖,并成功推广应用于大唐集团百余台机组的超低排放改造工程,有效降低了改造成本,大幅提升了机组减排能力。截至2018年年底,集团总计226台机组达到超低排放标准,占在役燃煤机组容量的94.7%,二氧化硫、氮氧化物、烟尘排放总量较2017年分别下降19.5%、10.45%、13.8%。

三是加强节能诊断,实施节能技改,降低能源消耗。2018年,大唐集团开展了"优化运行、达设计值"活动,将供电煤耗、火电开机率和调度电量完成率等主要生产指标,与国家要求及行业同类型机组能耗变化情况进行对标。同时,制定了针对集团各基层企业的能耗诊断体系,对109项能耗指标进行诊断,通过管理提升、设备治理、运行优化等措施不断提升机组经济性能,重点实施了高效亚临界机组改造、循环水余热供热改造等节能技术改造项目。通过以上措施,2016—2018年,大唐集团供电煤耗降低了7.8克标煤/千瓦时,万元产值综合能耗从4.377吨标煤/万元,下降至3.9吨标煤/万元。

（三）节能减排投入与效果

2014—2018 年，大唐集团累计投入约 415 亿元用于设备节能及环保治理升级。2018 年，大唐集团累计超低排放机组达到 226 台，装机容量 9247.5 万千瓦，占在役燃煤机组容量的 94.7%，火电机组脱硫、脱硝、除尘装备率已实现三个 100%，二氧化硫、氮氧化物、烟尘等污染物排放总量分别为 6.73 万吨、9.25 万吨和 1.71 万吨，较 2017 年分别下降了 19.5%、10.45%和 13.8%；供电煤耗比 2017 年下降 3.43 克标煤/千瓦时。世界在役最大火力发电厂——大唐托克托电厂，实施了全国首台 600 兆瓦亚临界机组升参数改造，改造后供电煤耗下降了 15 克标煤/千瓦时，供电煤耗低于 300 克标煤/千瓦时。

二、中国华电集团有限公司

（一）公司概况

中国华电集团有限公司（简称"华电集团"）是 2002 年底国家电力体制改革组建的国有独资发电企业，属于国务院国资委监管的特大型中央企业，主营业务为：电力生产、热力生产和供应；与电力相关的煤炭等一次能源开发以及相关专业技术服务。2018 年，华电集团装机容量 148 万千瓦，发电量 5559 亿千瓦时，资产总额 8256 亿元，营业收入 2152 亿元，在世界 500 强排名 397 位。

（二）主要做法与经验

2018 年，华电集团印发《中国华电集团有限公司打好污染防治攻坚战指导意见》，继续实施《超低排放三年实施规划（2017—2019 年）》，全力推进燃煤机组超低排放改造。截至 2018 年年底，华电集团发电装机容量达 1.48 亿千瓦，年发电量 5559 亿千瓦时，累计完成超低排放机组占比达到 86.5%。加速淘汰落后产能，2017—2018 年，华电集团关停淘汰落后产能火电机组 27 台，333 万千瓦，相当于每年减少煤炭消耗 725 万吨，减少二氧化碳排放 1246 万吨。不断加强节能精细化管理，积极开展热源技术改造，在低温余热利用、小汽机梯级供热、调峰蓄热等方面加强技术创新，深挖企业供热潜力，降低能源消耗。积极发展水电、风电、太阳能等非化石能源，推进装机结构优化调整。2018 年清洁能源装机占比 39.5%，水电、天然气装机跃居同类企业首位。

（三）节能减排投入与效果

近年来，华电集团累计投入 500~600 亿元对发电设备进行环保升级改造。2017 年，华电集团单位电能化石能源消耗为 223 克标煤/千瓦时，供电煤耗为 300 克标煤/千瓦时，二氧化硫、氮氧化物、烟尘排放量分别达到 0.20 克/千瓦时、0.22 克/千瓦时、0.024 克/千瓦时。河北华电石家庄裕华热电有限公司是全国首家全部机组实现"超低排放"的燃煤电厂。公司两台 30 万千瓦双抽供热汽轮发电机组于 2014 年完成"超低排放"环保设施改造，每年可减排烟尘 320 吨、二氧化硫 4600 吨、氮氧化物 8800 吨。广州大学城分布式能源站装机容量 15.6 万千瓦，向广州大学城区域内的 11 所大学及周围用户约 20 万人提供生活热水和部分电力。综合能源利用效率达到 80% 以上。每年可减少二氧化碳排放 24 万吨，减少二氧化硫排放 6000 吨。

第九章

2018 年装备制造业节能减排进展

装备制造业是国民经济发展和国防建设的基础性、战略性产业。2018 年，我国装备制造业突破了一批重大技术装备，C919 大型客机 103 架机首飞成功，亚洲最大自航绞吸挖泥船"天鲲号"实现交付，"海龙 11000"创造我国深海 ROV 深潜纪录，我国首艘专业极地科考破冰船"雪龙 2"号下水，世界首台百万千瓦水电机组导水机构通过验收。我国装备制造业规模较大，虽然取得一定成绩，但"大而不强"的问题始终未得到彻底解决。2018 年，受中美贸易摩擦等多方面因素影响，装备制造业增速较上年有所下滑，亟需加速转型升级，以实现制造强国的战略目标。

第一节 总体情况

一、行业发展情况

2017 年，我国装备制造业规模实现较快增长，据《2017 年国民经济和社会发展统计公报》统计，2017 年，装备制造业增加值增长 11.3%，占规模以上工业增加值的比重为 32.7%。2018 年，美国发动贸易战，装备产品成为加征关税的重点领域，装备产品出口受到影响；同时，国内改革已进入攻坚期，装备制造业结构调整阵痛不断释放。基于以上影响，2018 年我国装备制造业增加值增长 8.1%，较 2017 年下滑了 3.2 个百分点，八个细分行业的增加值增速较上年均不同程度下降，其中汽车制造业、仪器仪表制造业、金属制品业增加值增速下降幅度最大，分别比上年下降了 59.8%、50.4%、42.4%。但是，从整体工业来看，装备制造业增加值增速仍然高于规模以上工业 1.9 个百分点，装备制造业增加值占规模以上工业增加值的比重为32.9%，比上年提高了0.2个百分点；八个细分行业均保持增长态势，其中通信设备、计算机及其他电子设备制造业、专用设备制造业增加值增速最快，分别为 13.1%和10.9%（见表 9-1）。在利润方面，2018 年，装备制造业共实现利润总额22236 亿元，汽车制造业、通信设备、计算机及其他电子设备制造业、电气机械及器材制造业利润额较多，分别为 6091.3 亿元、4781 亿元、3758 亿元，合计 14630.3 亿元，占装备制造业利润总额的 65.8%。在利润增速方面，除汽车制造业和通信设备、计算机及其他电子设备制造业同比下降 4.7%和 3.1%外，其他六个细分行业均实现同比增长，其中专用设备制造业和通用设备制造业增长较快，分别增长 15.8%和 7.3%。

表 9-1　2018 年装备制造业 8 个细分行业增加值累计增长率

行　业	2017 年增加值累计增长（%）	2018 年增加值累计增长（%）	2018 年较 2017 年增速同比增长（%）
金属制品业	6.6	3.8	-42.4
通用设备制造业	10.5	7.2	-31.4
专用设备制造业	11.8	10.9	-7.6
汽车制造业	12.2	4.9	-59.8
铁路、船舶、航空航天和其他运输设备制造业	6.2	5.3	-14.5
电气机械及器材制造业	10.6	7.3	-31.1
通信设备、计算机及其他电子设备制造业	13.8	13.1	-5.1
仪器仪表制造业	12.5	6.2	-50.4

数据来源：国家统计局，2019 年 2 月。

2018 年，我国汽车制造业受多方因素影响，产销量同比下降，汽车产销分别完成 2780.9 万辆和 2808.1 万辆，同比分别下降 4.2%和 2.8%；利润总额 6091.3 亿元，同比下降 4.7%。但新能源汽车快速发展，产销量保持高速增长态势。2018 年，新能源汽车产销分别完成 127 万辆和 125.6 万辆，同比分别增长 59.9%和 61.7%。其中，纯电动汽车产销分别完成 98.6 万辆和 98.4 万辆，同比分别增长 47.9%和 50.8%；插电式混合动力汽车产销分别为 28.3 万辆和 27.1 万辆，同比分别增长 122%和 118%；燃料电池汽车产销均完成 1527 辆。

2018 年 1—10 月，我国挖掘机、装载机、压实机械和水泥专用设备累计生产量分别为 216101 台、119989 台、52315 台、459321 吨，同比增长 51.3%、24.0%、16.0%、7.9%。1—10 月，我国工业机器人产量为 118452 台（套），同比增长 8.7%。

2018 年，全国造船完工量 3458 万载重吨，同比下降 14%，其中海船为 1100 万修正总吨；新承接船舶订单量 3667 万载重吨，同比增长 8.7%，其中海船为 1077 万修正总吨；手持船舶订单量 8931 万载重吨，同比增长 2.4%，其中海船为 2862 万修正总吨。船舶产业集中度不断提高，2018 年全国前 10 家企业造船完工量占全国的 69.8%，新接订单量占全国的 76.8%，分别同比提高 11.5% 和 3.4%。2018 年，我国造船完工量、新接订单量、手持订单量三大指标，以载重吨计占国际市场份额均超过 40%，处于世界领先水平；以修正总吨计分别占国际市场份额的 36.3%、35.4% 和 35.8%，其中新接订单居第二位，完工量和手持订单量均位居第一。

二、行业节能减排主要特点

装备制造业是国民经济的基础性支柱产业，有力地支撑着国民经济发展，但是随之而来的大量资源、能源消耗也给环境保护带来了不小的压力。全面推行绿色制造，打造智能化水平高、资源能源消耗量少、污染物排放水平低的"绿色化"装备制造工业体系，有助于推动装备制造业与自然、社会和谐发展，进而减轻制造业对资源、能源的约束以及给生态环境带来的负面影响。

（一）政策引导装备制造业绿色发展

中国制造强国战略确立了我国制造业的发展方向——绿色化、智能化。在环保装备领域，2017 年 10 月，工业和信息化部印发《关于加快推进环保装备制造业发展的指导意见》，将推进环保装备制造业向绿色化、智能化转型发展作为主要任务之一，推动行业提升绿色制造水平。在船舶设备制造领域，2017 年 1 月，工业和信息化部等六部门印发《船舶工业深化结构调整加快转型升级行动计划（2016—2020 年）》，明确要求将绿色理念融会贯通到船舶制造全产业链和产品全生命周期中，推广应用绿色造船技术，支持企业进行绿色化技术改造。在发电装备领域，中国制造强国战略重点领域技术路线图要求将清洁高效发电装备发展为主流技术。在电器电子产品制造领域，工业和信息化部拟发布《电器电子产品有害物质限制使用达标管理目录》，对部分电器电子产品的铅、汞、镉等六种有害物质含量提出要求，进一步推进电器电子行业实施清洁生产。在汽车制造业领域，工业和信息化部等三部门发布《汽车产业中长期发展规划》，提出以绿色发展理念引领汽车全生命周期绿色发展，实施《汽车有害物质和可回收利用率管理要求》，对 M1 类汽车有害物质和可回收利用率进行公告管理，促使行业大幅削减有害物质使用，提升 M1 类汽车可回收利用水平。

（二）我国装备制造业不断向节约减排绿色化迈进

我国装备制造业向绿色制造转变的趋势日益显著，如联想集团、吉利集团、中国兵器工业集团公司等行业领先企业，已将绿色制造理念贯穿到产品设计、选材、技术工艺、生产、运输、回收利用等各个环节。创建绿色制造体系是装备制造业绿色转型升级的主要路径，面向全生命周期开展绿色设计，大力研发节能环保创新的技术工艺，建立智能化、绿色化的工厂，在生产过程中加强对各类污染物排放和耗水、耗能管控，最大化地减少加工环节中资源、能源消耗。在使用及后续回收过程中对装备进行合理配置，提升使用过程能效，做好全生命周期资产管理，降低废弃后的装备产品对环境产生的影响。推动建立绿色数据中心，利用信息化手段，实时监控污染物排放情况，收集数据信息，为推行绿色制造提供有力支撑。加强对供应链的管控，打造绿色供应链，生产绿色低碳环保的装备产品。

（三）行业基础制造工艺技术绿色化水平仍存在较大进步空间

基础制造工艺技术是装备制造业发展的根基，既影响装备产品的质量，也关乎行业绿色发展水平。我国装备制造业基础制造工艺技术在能源消耗、材料利用率和污染物排放水平上仍与国际先进水平有较大差距，一定程度上制约了行业绿色发展。如铸造、锻造和热处理工艺，平均年消耗能源约占装备制造业规模以上企业总能耗的半数以上。每年因生产铸铁件而产生的废渣、废砂、氮氧化物等污染物合计总量过 1 亿吨，资源能源消耗巨大，污染物排放量大。装备产品轻量化设计、生产过程清洁化与短流程化、高附加值再制造和回收资源化等关键绿色化技术工艺有待进一步提高、创新、突破。

第二节　典型企业节能减排动态

一、华为集团

（一）公司概况

华为集团（简称"华为"）创立于 1987 年，是全球领先的 ICT（信息与通信）基础设施和智能终端提供商，是一家由员工持有全部股份的民营企业，目前华为有18.8万员工，业务遍及170多个国家和地区，服务30多亿人口。2018年，华为销售收入7212亿元，同比增长19.5%；净利润593亿元，同比增长25.1%。华为十分重视科技研发，坚持每年将10%以上的销售收入投入到研发，2018年，华为研发费用支出为1015亿元，占全年收入的14.1%，同比增长13.2%；近十年，华为累计投入研发费用超4850亿元。研发人数8万多名，占员工总数的45%；截至2018年12月底，在全球累计获得授权专利87805件。近年来，华为通过创新不断提升产品的资源使用效率、开发高效节能的产品，降低产品碳足迹和环境负面影响，并致力于通过绿色ICT技术帮助各行各业乃至全社会降低碳排放。

（二）主要做法与经验

一是实施节能技改项目，加强节能管理。华为通过引进第三方专家，在深圳和东莞两个园区开展能效评估，对空调系统的冷冻站和冷却塔风机实施变频改造，对冷站系统运行管理的海量数据进行大数据分析，通过建立数学模型，模拟节能科学运行曲线，根据室外气候曲线，设置BA系统运行参数，自动化控制系统运行达到最优的节能状态。同时，华为基于ISO 50001标准和相关法律法规需求，建立了能源管理体系，2017年通过了ISO 50001管理体系第三方认证，通过例行节能监测、能源审计、内部审核、节能技术改造等措施，持续提高能源管理体系的有效性，降低能耗，提高能源利用效率。

二是积极使用清洁和可再生能源。2012年6月和2015年3月，华为杭州研究所及东莞南方工厂先后建成智能光伏电站，项目容量19.3MW，每年发电量超过1700万kWh；2017年，华为北京研究所光伏电站投入建设，项目容量771.3kW；通过与燃气电厂签订协议，2018年，华为使用了9.32亿千瓦时的清洁能源电量。

三是开展产品生态设计，打造绿色产品。华为在产品设计阶段，聚焦延长产品使用寿命，从原材料的选取、生产加工、包装运输、使用、维修支持、回收处置等生命周期各阶段严加管控，力争做到对环境影响的最小化。通过生命周期评估方法和工具，对产品的环境影响进行量化评价。华为开发了QLCA方法，在满足评估准确度的同时极大提升了评估效率。通过产品LCA评估，可量化不同产品平台的环境影响，识别产品环境设计改进机会，包含原材料选择、制造工艺优化、能耗设计改进、运输以及回收策略等。2017年已完成9款手机产品的碳足迹、水足迹的评估以及环境信息报告发布。同时，华为积极参与产品的绿色认证，以持续提升华为产品的绿色竞争力。已开展的认证包括：中国环境标志产品认证、FSC包装认证、UL 110手机可持续性认证、电子电气产品环保等级标识认证、TÜV-WT认证、TÜV Green Mark绿色产品认证、能源之星（ENERGY STAR®）认证等。

四是实施绿色供应链管理。自2011年起，华为参与非政府组织公众环境研究中心（IPE）发起的"绿色选择"倡议，并将公众环境研究中心（IPE）环保检索纳入供应商审核清单和自检表，要求存在问题的供应商限期整改，鼓励供应商自我管理。2017年华为定期检索了500家主力供应商环境表现，发现并关闭19条环保违规记录，与IPE联合对3家供应商进行现场审核，确保限期整改达标。2017年华为在IPE绿色供应链CITI指数排名第六，国内企业排名第一。华为鼓励供应商开展能源审计，识别降低能源消耗和碳排放的机会，开展节能减排实践，同时采用LCA（生命周期评估）方法确定产品生命周期中排放占比较大的零部件及其供应商，运用IPMVP（国际节能绩效测量与验收规范）方法对华为自身和供应商的节能减排措施和收益进行评估。

（三）节能减排成效

2017年，华为通过技术节能和管理节能，实现节电3357万度；通过在园区建设和运营太阳能电站，发电1700万度。通过以上措施，华为2017年减少二氧化碳排放约4.5万吨。通过产品生态设计，2017年，华为主力产品平均能效同比提升20%，温室气体排放强度较基准年下降9.3%，5款手机产品获得UL110最高等级的金级绿色认证。截至2017年年底，华为回收中心的建设已覆盖全球48个国家和地区，总数达到1025个，通过逆向业务管理，华为退货产品再利用率达到81.2%；处理全球报废物料11318吨，其中98.46%实现回收和再利用，仅有1.54%废弃物填埋处理。2017年，华为通过实施绿色供应链管理，共25家供应商参与节能减排计划，全年累计实现二氧化碳减排63000吨。

二、中联重科股份有限公司

（一）公司概况

中联重科股份有限公司创（简称"中联重科"）立于1992年，前身是原建设部长沙建设机械研究院，拥有60余年技术积淀，主要从事工程机械、农业机械等高新技术装备的研发制造。公司生产具有完全自主知识产权的13大类别、86个产品系列、近800多个品种的主导产品，为全球产品链最齐备的工程机械企业之一。公司两大业务板块混凝土机械和起重机械均位居全球前两位。中联重科先后实现深港两地上市,成为业内首家 A+H 股上市公司,注册资本达76.25 亿元。2018 年,中联重科销售收入达 286.97 亿元,同比增长 39.25%。近年来,中联重科积极推进绿色发展,牵头实施的"塔式起重机绿色设计与制造一体化平台示范项目"获得工信部 2018 年绿色制造系统集成专项支持。

(二)绿色制造经验与成效

一是建立了塔式起重机模块化设计体系。根据"由复杂到简单,由简单到极致"的模块化设计理念,从塔式起重机型精简、电控系统、传动系统、标准节、材料的模块化设计入手,创建材料库、建立零部件模块化设计模型及通用标准,实现产品设计、制造和运营效率的大幅提升。提供模块化设计,实现产品机型精简 50%以上,榫头式标准节由 4 种统一为 1 种,上支座、下支座、爬升架等结构形式由 N 种统一为 1 种,电控柜精简 70%以上;提升产品品质,减少材料种类,材料规格精简 50%以上;产品部件减少 40%,零部件通用化率达 70%以上,设计效率和物料准备效率提升 20%。

二是应用高效节能的自适应变频控制技术,在起升、回转、变幅等全范围内,根据外部负荷的变化自动调整启动和停止的运行过程,减少启制动的冲击,降低系统的冲击电流,节约能源,提高系统寿命。

三是开展产品轻量化设计。利用 Python 脚本语言对 ABAQUS 进行二次开发,形成一套结构式塔式起重机结构有限元计算分析系统,以及专门用于塔式起重机起重臂结构杆件优化选材的计算模块,实现塔式起重机起重臂轻量化设计。

四是开发应用变频器的随载随速功能,使变频器在驱动 50%~100%额定载荷时,根据载荷的轻重,按恒功率规律,自动计算确定并输出可以运行的最高速度,最大限度地提升吊运效率,降低劳动强度,缩短工期。应用随载随速技术,产品节能提升 30%以上。

五是采用 Tri-arc 双丝三弧高效焊接技术。榫头标准节生产中的角钢拼方工序,采用双丝焊技术。采用德国 CLOOS 公司开发的 Tri-arc 双丝三弧高效焊接,最突出的特点是同时具有高焊接熔敷率和低焊接热输入,与普通焊接技术相比,可节能 40%。

六是应用电泳底漆涂装技术。中联重科电泳涂装使用水溶性涂料,涂料中 80%以上是水分,溶剂挥发很少,对环境的污染也相应减少。其中有机溶剂主要为丙烯酸树脂或环氧树脂(无铅),对人体影响低。电泳涂装过程中带出的涂料可 100%回收利用。

区域篇

第十章

2018 年东部地区工业节能减排进展

2018 年，我国东部地区的北京、天津、上海、辽宁、河北、山东、江苏、浙江、福建、广东、海南等 11 个省市节能减排工作稳步开展，大力推进绿色制造，加快构建绿色制造体系，工业绿色转型成效明显。

第一节　总体情况

2018 年，东部地区各省市工业经济整体实现平稳有序运行，质量效益显著提升，绿色节约低碳发展态势明显。除辽宁外，均完成国家下达的"双控"目标。

一、节能情况

根据国家发展和改革委员会 2018 年 11 月 27 日发布的 2017 年度各省（区、市）"双控"考核结果公告显示，2017 年，东部地区 11 省市"双控"考核结果如表 10-1 所示。

表 10-1　2017 年度东部地区 11 省市"双控"考核结果

地区	2017年单位地区生产总值能耗降低目标（%）	2017年能耗增量控制目标（万吨标准煤）	考核结果
北京	3.5	238	超额完成
天津	3	416	超额完成
上海	3.4	321	完成

续表

地区	2017年单位地区生产总值能耗降低目标（%）	2017年能耗增量控制目标（万吨标准煤）	考核结果
辽宁	3.2	710	未完成
河北	4	655	完成
山东	3.66	814	完成
江苏	3.7	546	超额完成
浙江	3.7	467	完成
福建	1	895	超额完成
广东	3.7	1059	完成
海南	2	130	超额完成

数据来源：国家发展改革委，2018年12月。

其中，北京、天津、江苏、福建、海南等5个地区超额完成，其余省市除辽宁外，考核结果均为完成。整体上，完成情况较好。

分地区看，北京市2018年工业经济平稳增长，工业生产效率和能源利用效率进一步提高。全年规模以上企业单位工业增加值能耗同比下降2.5个百分点。完成"十三五"末"较2015年下降15%"的目标任务压力不大。

天津市高度重视节能减排工作，2018年上半年，全市万元GDP能耗同比下降3.7%，保持了单耗持续下降的良好态势。

河北省高耗能行业能耗得到有效控制。全省进一步化解钢铁、水泥、焦炭等过剩产能，共压减水泥产能313万吨，焦炭517万吨，平板玻璃810万重量箱，19家钢铁企业进行了产能置换。部分高排放行业实施秋冬季错峰生产，高耗能行业生产回落，能耗明显下降，工业行业用能结构进一步改善。全省39个工业行业大类中，有23个行业能耗下降，下降面达59.0%。

江苏省预计2018年有望超额完成节能减排目标，全年单位工业增加值能耗下降5.5个百分点。规模以上企业煤炭消费量比上年下降2.5%，全省的海上风电以及分布式光伏发电量分别排在全国第一位、第三位。主要行业能效水平大幅提高，主要耗能产品单位能耗持续下降。

浙江省2018年节能降耗力度依然很大，全省全年单位工业增加值能耗下降4.8个百分点。规模以上企业工业能源消耗增长速度比上年下降0.9%。工业领域节能降耗成效显著。

二、主要污染物排放情况

根据 2019 年 1 月份生态环境部通报的 2018 年全国空气质量状况，京津冀及周边地区 "2+26" 城市全年平均优良天数比例为 50.5%，169 个重点城市中石家庄、邢台等城市空气质量较差，排在最后十名。海口、舟山、深圳、厦门、福州等城市空气质量优良，排在前十名，其中，海口市位列 169 个重点城市排名的第一位。

2018 年，长三角地区 PM2.5 浓度为 44 毫克/立方米，与去年同期相比下降 10.2 个百分点。空气优良天数占比为 74.1%，与去年同期相比上升 2.5 个百分点。

从变化幅度看，哈尔滨市空气质量改善程度最大，空气污染浓度下降 21.9 个百分点。长春市下降 21.3 个百分点，衡水市下降 18.4 个百分点，保定市下降 16.1 个百分点，邯郸市下降 15.4 个百分点，分别排在全国空气质量改善榜的第 2、第 3、第 5 和第 6 位。

2018 年，珠三角地区 PM2.5 浓度为 32 毫克/立方米，与 2017 年相比平均下降 5.9 个百分点。其中，广东省空气质量优良天数超过 300 天，空气质量优良天数比例为 88.9%，全省 PM2.5 平均浓度为 31 毫克/立方米，与 2017 年同期相比下降 6.5 个百分点。

三、碳排放权交易

北京市于 2018 年 2 月发布《关于做好北京市 2018 年碳排放权交易试点有关工作的通知》，在北京市发展改革委和市统计局联合印发的《关于公布 2017 年北京市重点排放单位及报告单位名单的通知》（京发改〔2018〕147 号）中提到 "2017 年度全市重点排放单位共 943 家，应按照本市碳排放权交易相关规定履行二氧化碳排放控制责任，参与 2018 年碳排放权交易相关工作；报告单位共 621 家，需在规定的时间内按照要求向我委提交 2017 年度碳排放报告"。对于按照《国家发展改革委关于印发＜全国碳排放权交易市场建设方案（发电行业）＞的通知》（发改气候规〔2017〕2191 号）有关规定，拟纳入全国碳排放权交易市场的本市发电行业重点排放单位，本年度应继续按照要求完成本市碳排放权交易试点相关碳排放报告报送、第三方核查报告报送和履约等工作。要求在 2018 年 3 月 31 日前通过 "北京市节能降耗及应对气候变化数据填报系统"，报送 2017 年度碳排放报告。2018 年 4 月 30 日前，重点排放单位应完成核算本单位 2017 年度碳排放数据，建立二氧化碳监测和报告机制，制订年度监测计划，委托第三方核查机构完成核查工作，完成报送 2017 年度碳排放报告和第三方核查报告。对于存在新增设施的重点排放单位,需按照新增设施配额申请材料及相关要求准备材料,于 2018 年 4 月 30 日前提交 2017 年新增设施配额的申请。2018 年 5 月 30 日前,完成核发 2017 年新增设施配额和既有设施配额调整工作。2018 年 7 月 31 日之前,重点排放单位应向注册登记系统开设的配额账户上缴排放配额,该配额与其经核查的 2017 年度排放总量相等。超过配额的排放额度可通过市交易平台购买,有富余配额的排放单位,可以通过市交易平台出售或者储存至下一年度使用。2018 年 8 月 1 日开始,责令逾期未按时完成履约的重点排放单位进行整改,责令整改期结束后,对未完成整改的重点排放单位将依法进行处罚。

上海市于 2018 年 12 月发布了《上海市碳排放交易纳入配额管理的单位名单(2018 版)》,该名单作为上海市 2018 年碳排放配额分配和管理等工作的依据,共 381 家单位纳入配额管理,含多家发电企业、电力设备供应商。纳入配额管理的单位需按相关规定,规范开展自身碳排放监测、报告和履约清缴等工作。上海市公布 2018 年碳排放配额分配方案,在方案中确定上海市 2018 年度碳排放交易体系配额总量为 1.58 亿吨(含直接发放配额和储备配额)。

第二节 结构调整

北京市产业结构进一步优化,工业高质量发展成果显现。2018 年经济增速为 6.6%,规模以上工业增加值增速为 4.6%,实现地区生产总值 30320 亿元。产业结构进一步优化,战略性新兴产业实现增加值 4893.4 亿元,增速 9.2%。高技术产业增加值为 6976.8 亿元,增速为 9.4%。均高于平均增速。对规模以上工业增长的贡献率分别达 46.4% 和 39.3%。培育形成医药健康、智能装备 2 个千亿级创新型产业集群。

天津市 2018 年工业实现平稳较好增长,产业结构持续优化。规模以上工业增加值增长 2.4%。电气机械和器材制造业、农副食品加工业、金属制品业增速均在 18% 以上,汽车制造业增长 7.1%,专用设备制造业和医药制造业也保持了较快的增速,制造业质量和规模都有所提升。

河北省突出重点行业调整,提升工业发展质量。产业结构持续优化,2018 年装备制造业增长 8.3 个百分点,成为全省经济增长第一动力。坚定不移做好去产能工作。2018—2020 年,将继续压减水泥产能 500 万吨,平板玻璃产能 2300 万重量箱,焦炭 1000 万吨;打赢取缔"地条钢"攻坚战。"地条钢"取缔工作开展以来,对全省排查出的 31 家"地条钢"企业,省、市、县三级对拆除情况进行了现场验收,全部按照国家要求的"四个彻底"标准拆除到位；加快传统产业改造提升，围绕促进工业转型升级，以钢铁、装备、化工等传统优势产业实施技术改造提升，培育壮大新动能。将新能源汽车推广应用工作作为改善大气环境质量、培育新兴产业、推动新旧动能转换的重要举措。

江苏省对工业结构进行优化。先进制造业快速增长，新能源汽车、城市轨道车辆、3D 打印设备和智能电视等新产品产量分别增长 139.9%、107.1%、51.4%和 36.4%。全省高新技术产业和战略性新兴产业产值分别增长 11 个百点和 8.8 个百分点，对规模以上工业总产值的贡献率分别为 43.8%和 32%。

浙江省实施数字经济引领转型战略，产业结构调整速度加快。2018 年全年数字经济产业增加值超过 5000 亿元，占地区生产总值的 10%左右。高新技术产业增长迅速，高新技术产业增速达 51.3%，装备制造业增速达 40.7%，节能环保装备制造业增速为 29.6%，均高于规模以上工业平均增速。传统产业不断地得到改造提升，产品附加值、技术水平均有明显提升。

第三节　技术进步

一、钢铁产品全生命周期评价技术

随着节能减排技术的深入推进和绿色发展理念深入人心，传统的注重单一环节的节能减排技术已不能满足当前企业绿色发展的需求。从全生命周期的角度去实施绿色发展战略，推进系统节能减排成为大势所趋。

钢铁产业作为典型的长流程工业，涉及环节多、工序长，继续沿用传统的聚焦于局部或者末端、局限于企业内部、工序内部已经不能满足钢铁行业绿色转型发展的要求。迫切需要运用全生命周期的理念指导，系统化地从钢铁制造的全流程、上下游全产业链视角来开展节能减排工作。

在此背景下，宝钢率先利用生命周期评价（LCA）方法，开展钢铁产品全生命周期研究，建立基于全生命周期的绿色设计与绿色制造方法与标准、评价模型，在上下游全产业链实现应用，并延伸至产品的生态设计层面，逐步形成了钢铁制造全流程钢铁产品生命周期评价（LCA）与应用体系。

当前宝钢已经构建了全生命周期数据库，包括上游原材料、生产过程、各牌号产品、下游用户终端产品等各个重点环节。这是目前全世界最全的钢铁产品及其上下游 LCA 数据库，为宝钢及钢铁行业的绿色发展战略制定、绿色发展关键问题解决提供数据支撑。

二、利用预分解窑协同处置城镇污水厂污泥技术

水泥窑协同处置生活垃圾是资源综合利用的一个重要技术方向，也是水泥企业发挥绿色属性的重要内容。根据所处置污泥含水量的不同，利用水泥窑系统协同处置污泥具有不同的技术路线，目前国内水泥行业协同处置污泥所采用的技术途径主要有两类：一是湿法处置，该技术路线是将进厂污泥先称重计量，然后直接送入水泥回转窑进行协同处置；二是干法处置，该技术路线需要在水泥厂配套建设一个烘干预处理系统，烘干系统利用温度约 280℃的预热器废气余热将含水率约 80%的污泥烘干至含水率低于 30%，并对烘干过程产生的废气进行再处理；烘干后的污泥已成散状物料，经过输送及喂料设备送入分解炉，进行焚烧；喂料口处设有撒料板，该装置可以将散状污泥充分分散在热气流中，可以实现快速、完全燃烧；充分燃烧后的灰渣随物料一起入窑煅烧。处理后的干污泥中约含有 30%左右的 SiO_2、CaO 等矿物质，可作为水泥熟料生产用的原料，并且含有约 15MJ/kg 的热值，也可替代部分燃料。

技术适用条件：适用于进行相应工艺改造的 2000t/d 以上新型干法水泥生产线。

节能减排效果：采用湿法处置的污泥处理能力为 150t/d～200t/d，采用干法处置的污泥处理能力为 500t/d～600t/d。该技术可有效降低填埋所占用的土地资源。随着污泥含水率的进一步降低以及干燥污泥处理能力的增强，低含水率的污泥在分解炉的处置利用，不会对系统的热稳定性造成干扰。此外，干燥污泥由于含有比煤粉更高的有机氮化物以及更高的挥发性含量，因此很适合作为分级燃烧的脱硝燃料使用，能在一定程度上降低窑系统 NOx 的产生量。

三、石膏基自流平技术

石膏基自流平技术是大宗工业固废脱硫石膏高附加值应用技术的一个重要方向。自流平技术就是采用不同的方法处理脱硫石膏和磷石膏的性能使其符合制备自流平基料，然后和砂、填充料、保水剂、减水剂、膨胀剂和消泡剂等成分一起，通过煅烧法制备石膏粉配置的自流平材料。

自流平材料可以用在不平的基底上，为瓷砖、木地板、PVC 等各种地板装修材料提供一个平整光滑并且坚固的基底。自流平材料最大的好处就是能够在很短的时间内大面积地精准找平地面，给建筑工程的材料应用带来很大的帮助。由于低弹性模量的薄饰面材料应用越来越广泛，现在地面施工的质量往往达不到这些对地面要求非常严格的饰面材料的标准，使得自流平材料应用越来越广泛。

第四节　重点用能企业节能减排管理

一、东岳集团

东岳集团公司创建于 1987 年，2007 年在香港主板上市。在 31 年间，公司沿着科技、环保、国际化的发展方向，成长为氟硅材料高新技术企业。公司重视科技创新，取得了显著成效。在新材料、新环保、新能源等领域获得了大量自主知识产权，在氟硅高新材料、新型环保制冷剂、离子膜等方面打破了多项国外技术垄断，实现了国产化替代，是格力、美的、海尔、海信、大金、三菱、长虹等国内外著名企业的优秀供应商。

1. 高度重视技术研发

公司一直高度重视技术研发，不断进行技术创新，公司研制成功的东岳离子膜成功应用于万吨氯碱生产装置，这一技术标志着国产离子膜实现国产化应用、产业化替代，结束了我国氯碱行业在技术上长期受制于人的历史。当前，公司牢牢抓住中央供给侧结构性改革和山东省新旧动能转换的重大机遇，紧紧围绕科技创新这条主线，着力打造"两个替代"和"智能制造"新引擎，在经济新常态下焕发出勃勃生机和活力，经营效益持续攀升。

2. 不断提升精细化管理水平

持续提升基础管理水平，体现在不断完善管理制度，配套先进管理技术、软件、平台，重视管理人才，重视管理培训。将安全管理提升到重要位置，不断完善检修方案，减少对生产效率的影响，确保生产线的安全、稳定、连续运行。

二、广东科达洁能股份有限公司

广东科达洁能股份有限公司（原广东科达机电股份有限公司）创建于 1992 年，2002 年在上交所上市，股票代码：600499。公司业务主要涵盖建材机械（建筑陶瓷机械、墙材机械、石材机械等）、环保洁能（清洁煤气技术与装备、烟气治理技术与装备）、洁能材料（锂离子动力电池负极材料）三大业务领域，并提供 EPC 工程总承包管理服务和融资租赁业务。公司旗下 20 余家子公司，拥有科达、恒力泰、科行、新铭丰、科达东大、埃尔、卓达豪等行业内知名品牌，产品销往 40 多个国家和地区。历经 20 多年的创新发展，在陶瓷机械领域，科达洁能的陶瓷砖自动液压机在国内市场占有率达到 85%以上，抛光线的市场占有率超过 70%，是国内唯一可提供陶瓷机械整厂整线 EPC 工程总包并提供融资租赁服务的高新技术企业，引领陶机行业的技术进步，综合实力位居亚洲第一，世界第二。公司绿色发展水平高，在推动绿色发展方面有以下经验值得借鉴。

1. 不断突破绿色设计与制造关键技术

突破陶瓷生产大型成套装备绿色设计与制造关键技术，实现设计制造一体化。按照绿色设计要求，推进先进绿色陶瓷生产大型成套装备研发攻关，重点投入陶瓷数字化成套生产技术与装备的研发、陶瓷薄板产业化生产工艺与技术研发、研发服务体系建设。通过产品绿色设计升级拉动绿色研发设计和绿色工艺技术一体化提升，制造先进、绿色成套装备，提高产品绿色竞争力，打造绿色标杆企业。

2. 实施绿色技术改造与产业化集成应用

按照绿色工厂创建要求和评价指标体系对企业进行绿色发展水平评级，并进一步完善提升。针对陶瓷生产线的高耗能装备实施技术改造，提升成套装备整体节能水平。实施陶瓷喷墨打印机生产技术改造，推动整条生产线向柔性化、定制化发展。开展成套装备及万吨级压机、高效节能辊道窑、陶瓷抛光生产线、喷墨打印机等绿色陶瓷关键生产装备产业化应用验证，创建绿色设计示范线和产品验证生产设施。

3. 重视绿色制造标准引领

围绕绿色设计与制造一体化发展目标，制定一批绿色制造标准，建立完善的绿色制造管理体系。按照《生态设计产品评价通则》（GB/T 32161—2015）要求，研究制定陶瓷生产大型成套装备相关绿色设计标准，完善陶瓷生产关键装备标准，研究制定陶瓷薄板绿色设计标准。提升行业对标标准，完善管理体系。

第十一章

2018年中部地区工业节能减排进展

第一节　总体情况

2018年，中部地区各省市工业节能减排工作扎实推进，经济增长质量和效益不断提升，绿色制造体系建设成效显著，绿色节能低碳发展态势明显，中部六省均完成国家下达的"双控"目标。

一、节能情况

根据国家发展改革委2018年11月27日发布的2017年度各省（区、市）"双控"考核结果公告显示，2017年，中部地区6省"双控"考核结果如表11-1所示。

表11-1　2017年度中部地区6省"双控"考核结果

地区	2017年单位地区生产总值能耗降低目标（%）	2017年能耗增量控制目标（万吨标准煤）	考核结果
山西	3.2	600	完成
河南	3	700	超额完成
安徽	3.5	374	超额完成
湖北	3.5	500	超额完成
湖南	3	450	完成
江西	2.5	443	完成

数据来源：国家发展改革委员会，2018年12月。

其中，河南、安徽、湖北都超额完成国家下达的"双控"目标，山西、湖南、江西也都完成了指标任务。整体上，中部地区节能指标完成较好。

2018年是山西省实现从"煤老大"到"全国能源革命排头兵"转变的关键时期，山西省经信委在《山西省推进能源消耗总量和强度"双控"目标和工业领域节能2018年行动计划》中提出，2018年全省单位GDP能耗下降3.2%、规模以上工业增加值能耗下降3.9%的节能目标。全年以高端化、绿色化、智能化发展为方向，在钢铁、水泥、火电、电解铝等重点行业推广了一批重大节能技术和产品，实施了一批电机系统能效提升、余热余压利用等节能重点工程，确保了节能目标实现。

2018年，河南省规模以上工业综合能源消费量13857.47万吨标准煤，同比下降1.8%，规模以上单位工业增加值能耗比上年同期下降7.97%，预计可超额完成国家下达的万元生产总值能耗下降目标。

2018年，安徽省工业能耗增长幅度很小，与2017年同期相比收窄0.83%。全省单位工业增加值能耗与2017年同期相比下降6.4%。工业行业中，电力、热力、燃气及水生产和供应增长较快是全省能耗上涨的主要原因。

2018年前三季度，湖南省规模以上工业综合能源消费量4461.49万吨标准煤，增长5.4%，比上半年回落3个百分点，节能降耗成效明显。

2018年，湖北省能源消耗增速趋缓，单位工业增加值能耗持续下降，已顺利完成年初确定的下降3个百分点的目标。

二、主要污染物减排情况

汾渭平原2018年空气质量优良天数达到198天，与2017年同期相比提升2.2%。PM2.5浓度为58毫克/立方米，与上年同期相比下降10.8个百分点。从重点城市来看，临汾市、开封市、咸阳市、郑州市、渭南市等城市空气质量相对较差，排在全国169个重点城市的后20名。从重点城市空气质量改善幅度看，晋中市、长治市、铜陵市、西安市等城市改善幅度较大，排在全国169个重点城市的前20名。

河南省全年PM2.5平均浓度为61毫克/立方米，比上年同期下降1.6个百分点，城市空气质量优良天数接近60%。

三、碳排放权交易

湖北省碳排放权交易中心是中部地区唯一的碳排放交易中心，在探索碳排放权交易方面不断积极开展工作。2018年，湖北省发改委印发《湖北省2017

年碳排放权配额分配方案》，根据全省年综合能耗超过 1 万吨标准煤以上的工业企业碳排放核查结果，确定了 344 家企业作为 2017 年纳入碳排放配额管理的企业。重点行业涉及电力、钢铁、水泥、化工等，确定 2017 年湖北省碳排放配额总量为 2.57 亿吨。配额实行免费分配，采用标杆法、历史强度法和历史法相结合的方法计算企业的配额额度。

第二节 结构调整

2018 年，河南省政府出台《河南省人民政府办公厅关于印发河南省推进工业结构调整打赢污染防治攻坚战工作方案的通知》，提出了调整优化产业布局、加大过剩和落后产能压减力度等重点任务。通过开展绿色制造体系建设，促进产业结构绿色转型升级。截至 2018 年年底，已有 10 家企业被评为国家级绿色工厂，2 个工业园区被评为国家级绿色园区，1 家企业被评为国家级绿色供应链管理企业。2018 年，高技术制造业增长 12.3 个百分点，占规模以上工业的 10.0%；战略性新兴产业增长 12.2 个百分点，占规模以上工业的 15.4%。

2018 年，山西省全力推进绿色制造体系建设，培育了 10 个绿色园区、50 个绿色工厂、34 个绿色设计产品，同时重点推进 69 个绿色制造项目建设。积极化解钢铁过剩产能，认真落实《山西省加快重组处置"僵尸企业"推动钢铁行业脱困发展实施方案》，积极推进钢铁行业去产能工作，牵头制定了钢铁行业化解过剩产能实现脱困发展实施方案，组织临汾、运城、晋城、吕梁、长治等市政府及太钢集团签订了目标责任书，将全省压减任务分解到地市和企业。当前"地条钢"产能已全部出清。超额完成国家下达的煤电去产能任务，按照国家发展改革委等 16 部委《关于推进供给侧结构性改革、防范化解煤电产能过剩风险的意见》（发改能源〔2017〕1404 号）精神，通过采取环保倒逼机制推进煤电去产能工作，要求各市坚决关停淘汰环保、节能不达标机组。

2018 年，安徽省扎实推进淘汰落后产能，坚持市场运作和政府调控相结合，通过综合运用法律、经济、技术、行政等手段，引导钢铁等行业过剩产能有序退出。加快发展能耗低、污染少的先进制造业和战略性新兴产业，着力优结构、转方式。

2018 年，湖南省继续推进绿色制造体系建设，优化产业结构。自 2017 年启动实施绿色制造体系创建以来，19 家单位获批国家绿色制造示范单位，其中三一汽车、楚天科技、威胜集团等 15 家企业获批国家绿色工厂，宁乡经开区、浏阳高新区获批国家绿色园区。6 大高耗能行业增加值增速下降 1.9%。淘汰落后产能成效明显。

2018年，江西省按照国家工业和信息化部等16部委《关于利用综合标准依法依规推动落后产能退出的指导意见》（工信部联产业〔2017〕30号）文件精神，以钢铁、水泥、平板玻璃等行业为重点，不断完善综合标准体系，严格实施常态化执法，严格执行强制性标准，依法依规关停退出一批环保、能耗、技术、安全达不到标准及生产不合格产品或淘汰类产能。2018年，制定印发了《江西省利用综合标准依法依规推动落后产能退出工作方案》，要求各地依法依规推动落后产能退出。节能环保产业有新发展，2016年以来，在节能变电设备、水污染治理装备、除尘设备、固体废物处理装备等节能环保装备制造行业成长了一批龙头企业，其中年主营业务收入超过10亿元的龙头企业5家以上。

第三节 技术进步

一、薄型瓷砖制造技术

薄型化是当前陶瓷行业技术发展的热点方向，可以大幅降低原材料、运输、能源等相关成本。该技术的主要研发内容包括瓷砖薄型、提高薄型磁砖的强度和断裂模数等关键指标，当前已有重大突破，成功解决了胚体厚度减薄后可能出现的强度下降及高温变形等难题，并具备产业化条件。依托现有的生产线，通过优化工艺参数和烧成制度，可以批量稳定生产厚度小于6mm的薄型瓷砖（规格大于600mm×300mm）。在现有生产条件下，该技术与普通瓷砖相比，可节约40%的原料，节约30%的能耗。

该项技术的主要经济指标参数有：瓷砖厚度在5mm～6mm，破坏强度≥700N，吸水率≤0.1%，断裂模数≥40MPa，单条生产线改造投资费用约1000万元。该技术可以应用在多条生产线上，并且市场对该类薄型磁砖的需求较大，市场前景较好。

二、低介电常数玻璃纤维规模化生产技术

当前，电子信息产业快速发展，以及与智能手机、新能源汽车等产业的高度融合发展，要求电路板具有良好介电性能，以减少电损耗和发热量。比如，当前制约新能源汽车电池组系统发展的一个重要瓶颈就是电池组的电损耗和发热量，这就要求所用电路板的介电常数和介电正切越来越低，以确保介电损失较小。而介电损失能量直接取决于玻璃的成分和构造的介电正切和介电常数。

低介电常数玻璃纤维生产技术,瞄准介电常数和介电正切两个关键指标,改进玻璃配方,采用特殊的拉丝成型工艺和专门的配套玻璃熔融技术,并引进计算机自动控制技术,生产出介电正切不高于 $10×10^{-4}$,介电常数不高于 4.5(lMHz)的低介电常数玻璃纤维,年生产规模可实现千吨级。

该玻璃纤维应用范围广泛,可应用于高端智能手机、新能源汽车、全球定位系统、移动通信基站、航空航天、军用电磁透波等领域。

三、超细电子级玻璃纤维纱及超薄玻纤布

超细电子级玻璃纤维纱及超薄玻纤布是电子级玻璃纤维纱、超薄玻纤布中的高档产品。主要用作制造印刷电路板的板材。其具有轻薄化、高性能化、多功能化三个特点。当前 5G 时代已经来临,智能交通、新能源汽车、智能家居等消费需求越来越大,相应的物联网、云服务技术快速发展,对超细电子级玻璃纤维材料的需求很大。

采用高温熔解技术,优化拉丝成型工艺,将高温玻璃液通过抽丝盒急速冷却抽取成丝,开发了新型浸润剂,制备出单丝直径不高于 $5.5\mu m$,tex 不高于 5.6,具有优良电气特性、耐化学腐蚀性、绝缘性、耐候性的电子级玻璃纤维纱。采用专用处理剂来处理超细玻璃纤维纱,采用表面处理、高压水刺开纤、新型纺织工艺等技术制备出面密度不高于 $25g/m^2$,厚度不高于 $35\mu m$ 的超薄玻纤布,具有耐高温、化学稳定性好、绝缘性好、拉伸强度高等特性。

四、建筑陶瓷数字化绿色制造成套工艺技术

绿色生产与智能制造是当前陶瓷板块发展的两大方向。要实现生产过程的绿色低碳、达标排放,提高生产效率,必然装备先行。

建筑陶瓷数字化绿色制造成套工艺技术集成了大规格陶瓷薄板生产工艺、陶瓷砖数成套生产技术与成套装备、陶瓷烟气多种污染物协同控制技术与装备,系统考虑了陶瓷生产过程的绿色化与智能化,极大地提高了生产效率,降低了污染物排放,提升了产品绿色水平。

应用成套技术可生产产品厚度为 5.5mm 左右,尺寸最大为 1200mm×2400mm 的产品。与现有建筑陶瓷生产技术相比,单线操作人员数下降 30%,颗粒物排放浓度不高于 $10mg/Nm^3$,NOx 排放浓度不高于 $100mg/Nm^3$,SO_2 排放浓度不高于 $25mg/Nm^3$,以 900mm×1800mm 规格产品为例,综合能耗可以降低到 $3.9kgce/m^2$。

第四节　重点用能企业节能减排管理

一、太钢不锈

太钢不锈集团公司（简称"太钢不锈"）位于山西省太原市，成立于1998年。起初以不锈钢资产和普碳钢资产上市，2006年实现了集团钢铁业务整体上市，产品规模和装备水平发生巨变，一举成为世界最大的不锈钢生产企业。产能达到1000万吨钢，其中包括300万吨不锈钢。企业的重点产品包括400系不锈钢、高牌号冷轧硅钢、汽车用钢、管线钢、集装箱板等，其中，高强度汽车大梁钢市场占有率全国第一。公司一贯重视节能减排、绿色发展，当前已经成为行业的绿色工厂示范单位。

1. 采用大量的节能减排先进技术

多年来，太钢不锈一直坚持技术导向节能减排，引进一大批先进的节能减排技术及装备，并且自主研发一批适合企业应用的节能减排技术及装备，拥有自主知识产权，有些达到国际先进水平，并且将系统节能减排作为降本挖潜的重要手段。当前已经形成了低能耗、低排放、低污染、高效益"的固、液、气态的废弃物循环经济产业链，率先建立了贯穿钢铁生产全流程的节能减排新模式，节能减排水平达到行业领先。

2. 贯彻绿色发展理念

太钢不锈一直坚持绿色发展理念，制定绿色发展战略，深化产城融合发展理念，探索持续改善城市生态环境，打造都市型钢厂。除大力推动生产过程绿色发展，积极倡导并践行绿色生活，在厂区和周边社区建立167个公共自行车服务点，投放1万多辆公共自行车，提升绿色交通水平。企业余热为城区提供集中供热，面积达2250万平方米。不断提高厂区绿化水平，种植大量绿色植物，优化了当地生态环境。

3. 以标准化为手段创建钢铁行业能效领跑者企业

当前，太钢不锈已经掌握了一大批具有国际竞争力，并且拥有自主知识产权的节能环保先进技术和装备。部分技术装备节能环保水平已经达到国际领先。企业的吨钢综合能耗、新水消耗、万元产值能耗、烟粉尘排放、二氧化硫排放以及化学需氧量排放等指标居于行业领先水平。为了保持行业领跑者的位置，从2017年开始，太钢不锈开始标准化节能管理实践，启动了"钢铁冶炼节能标准化示范创建"项目，探索建立符合企业实际的节能标准指标体系，以标准为抓手，不断提高企业能源管理水平，提升企业对标、创标的能力，加快节能技术的推广和应用。该项目已经在2018年获得国家标准委的批复，文件名号为《关于中国商业联合会等55家单位开展国家节能标准化示范创建项目的通知》（国标委工〔2018〕39号），太钢不锈的节能标准信息服务平台已经搭建完成，将助力企业节能工作进一步推进。

二、河南济源钢铁（集团）有限公司

河南济源钢铁（集团）有限公司（简称"济源钢铁"）是1958年建厂的地方钢铁企业，2001年企业产权改制，由地方国有企业改制为股份制民营企业。根据济源钢铁有限公司官网信息，济源钢铁属中国大型钢铁骨干企业、中国企业500强、中国民营企业100强、中国制造业500强和世界钢铁企业100强，系中钢协和中特钢理事单位。公司位于河南省济源市境内，交通便利，铁路专用线与焦枝铁路线相接，现已发展成为国内品种最多、规格最全的优特钢棒、线材专业生产企业。企业具备铁、钢、材各400万吨的年生产能力，其中优特钢所占比例达67%。多年来，济源钢铁将绿色转型作为自身发展的必然选择，在节能减排方面取得显著成效。

1. 实施大量技改项目

多年来，济源钢铁大力推进技术节能，实施了多个节能技改项目，累计投入近7亿元，高炉BPRT、烧结余热发电、煤气发电、在建的能源管理中心等一批重大节能技术装备得到运用，能源利用效率大幅提升。淘汰落后产能，按照工业和信息化部发布的四批《高耗能落后机电设备淘汰目录》要求，淘汰了部分落后机电设备，提升了能效。

2. 高度重视环保工作

济源钢铁高度重视环境保护工作，成立了由总经理牵头的环保部门专司其责，围绕"资源节约型、环境友好型"的"两型企业"建设，坚持绿色低碳发展，并紧跟环保标准，持续加大环保投入和升级改造，对全厂污染治理设施进行查漏补缺，在全面落实环保设施"三同时"建设的同时，近三年先后实施了烧结机静电除尘器电场改造、烧结机脱硫塔改造、高炉炉顶除尘改造、连铸机除尘系统改造等一系列重大项目，做实做好环保达标排放工作。目前公司的新水消耗、二氧化硫排放、烟粉尘排放等主要指标在行业内处于先进水平。

3. 大力发展循环经济

济源钢铁坚持循环经济 3R 原则，高度重视源头削减，大力推进工艺技术优化和过程监控，大幅提高资源产出率，显著降低原材料消耗。通过建立科学的铁素资源、固废资源综合利用等循环利用体系，实施资源高效循环利用，实现经济效益、社会效益和环境效益协同发展的绿色循环经济模式。加强对供应商的管理和评价，通过强化质量控制和采购过程监控，不断提升防范采购风险能力，并推进绿色采购供应链建设。以全生命周期理论为指导，在企业设计、采购、生产、销售、服务等各个环节推行绿色设计、清洁生产、绿色采购、废弃物回收利用等绿色发展理念，推动企业绿色、低碳、循环发展。

三、铜陵有色金属集团股份有限公司

铜陵有色金属集团股份有限公司（简称"铜陵有色"）位于安徽省铜陵市，1992 年成立。公司于 1996 年在深圳证券交易所上市。主营业务为铜、金、银、稀有金属及相关产品生产与加工，是我国铜行业集采选、冶炼、加工、贸易为一体的大型全产业链生产企业。当前，具备年产 135 万吨的铜冶炼生产能力、年产 40 万吨的铜材深加工能力。作为节能减排重点企业，在绿色发展方面成效显著。

1. 持续推动产品升级换代

从成立之初至今，公司一直致力于产品的升级换代，以此推进铜产业升级，并跟随经济发展形势，不断改进产品性能，研发新材料、新产品。当前，围绕铜基新材料及新能源汽车等新兴领域，加强开展一批科技含量高、性能优越、附加值高的铜基新材料研发，不断加强与下游企业合作。当前，已经研制出国内最薄铜箔，可大幅提升锂电能量密度，该产品已经进入施耐德、ABB 等国外企业。

2. 以科技创新推动环境保护

企业勇于履行社会责任，重视环境保护。在项目的改、扩、建过程中，严格实施"三同时"制度，配套污染防治设施。果断关停有污染问题的项目。通过实施环保科技创新工作，公司环保优化升级取得明显进展。建立了 iVMS 集中监控平台，确保重点排污企业环保设施 100%正常运行。公司自主研发的"大型'双闪'铜冶炼系统节能关键技术的研发与应用"和"厚大金属矿体组合式多中段连续开采技术"等三个项目获中国有色金属工业科学技术奖一等奖。

3. 重视信息技术的应用

铜陵有色是"两化融合"促进节能减排的典型代表。企业信息化建设的核心是把先进的管理思想、生产技术和信息技术结合起来，为企业实现发展战略、提高管理水平服务。企业建设了上下贯通、统一集成的信息化平台，利用信息平台将万元增加值综合能耗等指标纳入企业经营责任考核目标，有效提升了公司的能源管理和利用效率，进一步减少"三废"排放。

第十二章

2018 年西部地区工业节能减排进展

2018年，西部地区节能减排进展顺利，除宁夏、新疆外，其余十个省（区、市）均顺利通过"双控"考核目标，单位产值能耗持续降低，能耗增量处于可控范围内。各地区污染情况、地区经济发展质量持续改善，新旧动能加快转化，经济结构有所优化。节能减排技术不断进步，先进技术推广工作开展顺利。柳钢股份、峨胜集团等重点用能单位绿色发展理念理解到位，管理水平不断提高，工艺持续更新换代，节能减排成效显著。

第一节　总体情况

一、节能情况

根据国家发展改革委发布的《2017 年度各省（区、市）"双控"考核结果》，2017 年西部地区 3 个省（区、市）超额完成"双控"考核目标，7 个省（区、市）考核等级为完成，2 个省（区、市）考核等级为未完成。与 2016 年相比，内蒙古、广西 2017 年单位地区生产总值能耗降低目标有所上升，云南、陕西、宁夏 2017 年单位地区生产总值能耗降低目标有所下降，能耗增量控制目标总体上升。从考核结果来看，与 2016 年相比，重庆一如既往地超额完成考核目标，四川、贵州的进步显著，从完成迈向超额完成；而宁夏、新疆明显退步，未完成考核目标。整体来说，西部地区各省（区、市）的"双控"考核结果有两极分化趋势（见表 12-1）。

表 12-1 2017 年度西部地区各省（区、市）"双控"考核结果

地区	2017年单位地区生产总值能耗降低目标（%）	2017年能耗增量控制目标（万吨标准煤）	考核结果
内蒙古	3	800	完成
广西	3	400	完成
重庆	3.4	366	超额完成
四川	3.5	760	超额完成
贵州	2.97	370	超额完成
云南	3	375	完成
西藏	2.09	—	完成
陕西	3.2	418	完成
甘肃	2.97	276	完成
青海	1.5	220	完成
宁夏	1.8	400	未完成
新疆	2.09	708	未完成

注：西藏自治区相关数据暂缺。

数据来源：国家发展改革委，2018 年 11 月。

二、主要污染物减排情况

根据生态环境部发布的《2018 年第一季度主要污染物排放严重超标重点排污单位名单和处罚整改情况》和《2018 年第二季度主要污染物排放严重超标重点排污单位名单和处罚整改情况》，2018 年上半年共处罚主要污染物严重超标重点排污单位 281 家次，其中西部地区 116 家次，占比为 41%。内蒙古与新疆排污超标情况最为严重，分别被查处 31 家次、47 家次；而内蒙古、广西、陕西、甘肃、宁夏对污染企业处罚力度最大，平均每家次罚款 110 万元（见表 12-2）。

表 12-2 2018 年上半年西部地区主要污染物排放严重超标重点排污单位名单和处罚整改情况统计

地区	企业数量	罚款金额	整改情况
内蒙古	28 家次	1952.66 万元	已完成
	3 家次	528.4 万元	未完成
广西	4 家次	335 万元	已完成
	0 家次	0 万元	未完成

续表

地区	企业数量	罚款金额	整改情况
重庆	2 家次	5 万元	已完成
	0 家次	0 万元	未完成
四川	5 家次	40 万元	已完成
	3 家次	48.07161 万元	未完成
贵州	1 家次	0 万元	已完成
	2 家次	27 万元	未完成
云南	1 家次	10 万元	已完成
	1 家次	10 万元	未完成
陕西	3 家次	150 万元	已完成
	1 家次	10 万元	未完成
甘肃	2 家次	115.81 万元	已完成
	6 家次	2571.02 万元	未完成
宁夏	2 家次	200 万元	已完成
	5 家次	80 万元	未完成
新疆	27 家次	431.3462 万元	已完成
	20 家次	98 万元	未完成

注：西藏自治区相关数据暂缺。

数据来源：生态环境部，2018 年 9 月，2018 年 11 月。

在实施降低主要污染物排放强度的措施下，据《2017 年生态环境状况公报》，西北诸河水质为优。在 62 个水质断面中，Ⅰ类水质断面占 12.9%，Ⅱ类水质断面占 77.4%，Ⅲ类水质断面占 6.4%，Ⅳ类水质断面占 1.6%，Ⅴ类水质断面占 1.6%，无劣Ⅴ类水质断面。与 2016 年相比整体向好，Ⅰ类水质断面比例上升 8.1 个百分点，Ⅱ类水质断面上升 1.6 个百分点，Ⅲ类水质断面下降 6.5 个百分点，Ⅳ类水质断面下降 3.2 个百分点，其他类均持平。

2018 年陕西全省污染物排放量持续下降，减排重点工程完成率达到 100%。同时，全省重点领域超低排放改造西部领先，全年新增 27 台 607 万千瓦超低排放煤电机组。

2018 年广西城市空气质量优良率的年度目标为 90.3%，即全年出现污染天数的"顶线"为 35.5 天，上半年污染天数已达 21.6 天；广西全区城市 PM2.5 平均浓度年度目标为 37 微克/立方米，上半年全区 PM2.5 平均浓度达 41 微克/立方米。按照上半年情况，广西要完成年度目标面临较大压力。但通过下半年努力，2018 年全年广西环境空气质量优良率为 91.6%，同比上升 3.1 个百分点；PM2.5 浓度为 35 微克/立方米，同比下降 7.9%；PM10 浓度为 57 微克/立方米，同比下降 1.7%；环境空气质量综合指数为 3.74，同比下降 3.6%。与 2017 年相比，全区环境空气质量大幅改善，其中南宁、北海、防城港、钦州、河池、崇左等 6 市环境空气质量达标，全区达标城市比例为 42.9%，同比持平。

2018 年四川省空气质量进一步向好。全省未达标城市的 PM2.5 平均浓度 43.0 微克/立方米，同比下降 10.6%，优良天数率 84.8%，同比提高 2.6 个百分点；水环境质量明显好转，全省 87 个国考断面地表水水质优良断面 77 个，同比上升 14.9 个百分点，沱江 16 个国考断面地表水水质优良断面 10 个，同比上升 56.3 个百分点，全面消除劣 V 类断面，创近 10 年来最好水质。

2018 年贵州省 9 个中心城市空气质量平均优良天数比率为 97.2%，同比上升 1.6 个百分点，9 个中心城市空气质量全部达到国家规定的二级标准；88 个县（市、区）城市空气质量平均优良天数比率为 97.7%，同比上升 0.7 个百分点。85 个城市空气质量达到国家规定的二级标准，未达标的 3 个城市分别为乌当区、水城县、纳雍县，超标因子均为 PM2.5。

第二节　结构调整

2018 年西部地区经济发展稳中有进，四川经济总量首次突破 4 万亿元，欠发达地区经济继续赶超，贵州 GDP 同比增长 9.1%，广西 GDP 同比增长 6.8%，甘肃同比增长 6.3%。供给侧结构性改革稳步推进，"三去一降一补" 大力推进，企业成本有效降低，各地区经济发展质量持续改善。工业经济发展的新动能正在形成，新旧动能加快转换，经济结构呈不断优化。西部地区服务业、制造业、消费领域涌现出新的增长点。

四川省注重高质量发展，换挡不失速。2018 年 1—11 月，四川省规模以上工业增加值同比增长 8.3%，增速比全国平均水平高 2 个百分点[①]。传统领域发展保持稳健增长，酒、饮料和精制茶制造业，电力、热力生产和供应业，分别增长 11.3%、9.0%。非金属矿物制品业，汽车制造业，计算机、通信和其他电子设备制造业，石油和天然气开采业，分别增长 8.7%、4.5%、13.6%、12.9%，增速有所回落。第三产业快速发展，占 GDP 比重首次超过 50%，网络零售额增长 25%，固定投资增速 11.5%。据《产业转移指导目录（2018 年）》，四川省优

---

① 数据来源：《2018 年 1—11 月四川省国民经济主要指标数据》。

先承接发展电子信息、轻工、纺织、医药等行业，经济将进一步多元化发展。

贵州省经济运行总体平稳、稳中有进、效益提升，互联网等新兴服务业爆发性增长。2018 年全省规模以上工业增加值比上年增长 9%、规模以下工业增加值同比增长 9.1%[①]。酒、煤、电等重点行业需求的提升拉动了四季度经济增速回升。通过推进军民融合、智能制造和互联网+实体经济，贵州省工业经济结构调整有序进行，实现了传统产业升级改造、新兴产业快速发展。2018 年，规模以上装备制造业、高技术制造业增加值同比分别增长 10.5%、14.8%，增加值占规模以上工业的比重分别达到 8.5%和 7.6%。同时，传统产业采矿业增加值占规模以上工业的比重较上年下降 4.4%，经济逐渐走向高质量发展。

云南省生产形势持续改善，结构调整不断深化，经济运行高开稳走。2018 年 1—11 月，云南省规模以上工业增加值同比增长 12.0%，增速居全国第二。农副食品加工业，制造业，黑色金属冶炼和压延加工业，有色金属冶炼和压延加工业，电力、热力、燃气及水生产和供应业等多领域发力。其中制造业保持两位数增长，增加值增长 10.8%，投资增长 20.4%。2018 年云南外贸进出口再创新高，总额 1973.02 亿元，同比增长 24.7%，排全国第 5 位。全省三个产业结构比重为 14.0∶38.6∶47.4，第三产业比重进一步提升。消费进一步拉动云南经济增长，全省社会消费品零售总额 6825.97 亿元，同比增长 11.1%，增速排全国第 3 位。

第三节　技术进步

一、卧式循环流化床锅炉技术

卧式循环流化床锅炉技术适用于可再生能源生物质能源化利用。卧式循环流化床锅炉是针对难燃生物质设计的一种新式锅炉。与传统立式循环流化床锅炉相比，卧式循环流化床锅炉的炉膛由单级变为三级，并将一级灰循环变为两级灰循环，加大了锅炉炉膛的有效燃烧行程，使燃料燃烧更为充分，并可实现流化床气固中温分离，有利于降低焚烧灰中的碱金属黏结性，避免分离器后结焦、积灰等问题，实现生物质锅炉的高效稳定运行。广西柳锅锅炉制造有限公司成功突破了技术瓶颈，将这项技术产业化。这项技术适用于 10t/h～130t/h 中小型工业锅炉（供热/蒸汽）。3×45 t/h 生物质锅炉需投资 1 亿元，可产生碳减排量 1.13 万 tCO_2/a。预计未来五年，该技术推广应用比例可达到 1%，将形成

[①] 数据来源：《2018 年贵州工业经济运行报告》。

碳减排能力 350 万 tCO_2/a。

二、人体电压感应节能控制芯片技术

ZX 系列人体电压感应节能控制芯片是重庆富硕科技有限公司研发的节能控制芯片，在不增加额外电源的情况下，该芯片利用人体电压感应实现人/机传感功能，通过节能控制技术达到电器待机 0 功耗。目前该技术已获国家发明专利，并被鉴定为国际首创，成果被录入"国家科技成果库"，2018 年入选国家发展改革委"中国'双十佳'最佳节能技术清单"。对比测试实验发现，未植入节能芯片的家电，在待机状态下，台灯比抽油烟机以及台式电脑等大电器更耗电。经测算，安装该芯片后，普通家庭一年可节省约 76 元电费。植入芯片后的电器待机零电流，不产生电磁波，便于保密或隐藏，将来或可用于军事设备。

三、全粒级干法选煤节能技术

全粒级干法选煤节能技术适用于煤炭行业矿井煤炭一次性全粒级分选加工。该技术采用 X 射线智能物理识别技术，对≥80mm 以上的大粒煤炭实施智能分选，对≤80mm 的煤炭采用复合式干法选煤。同时，集成煤粉成型工艺，实现煤泥及粉煤在无任何黏结剂条件下压块成型，提高粉煤的热效率。通过设备集成，可实现井口混煤全粒级一次净选，吨煤节电达 2.17kWh。该技术已获得国家授权专利 5 项，中国煤炭工业科学技术奖一等奖。内蒙古鄂尔多斯市转龙湾煤炭有限公司 600 型全粒级干法选煤项目应用了唐山市神州机械有限公司提供的 300 万 t/a 设备，投入节能技改金额 2430 万元，可实现年节能量 2275 tce，碳减排量 5332 tCO_2。目前该技术在行业内的推广比例为 5%，预计未来五年推广潜力为 40%，可形成节能能力 60 万 tce/a、减排能力 137 万 tCO_2/a。

第四节　重点用能企业节能减排管理

为控制能源消耗总量和强度，达到国家"十三五"规划《纲要》规定的全国"双控"目标，国务院提出开展重点用能单位"百千万"行动，由国家、省、地市分别对"百家""千家""万家"重点用能单位进行目标责任评价考核。经过一年的实施，西部地区大部分省（市、区）完成了"双控"目标，节能减排管理成果显著。

一、柳钢股份

柳州钢铁股份有限公司（简称"柳钢股份"）成立于 2000 年，位于广西工业重镇柳州市北郊。截至 2017 年 12 月 31 日，柳钢股份资产总额为 230.74 亿元，营业收入为 415.57 亿元，具有年产生铁 1150 万吨、钢 1250 万吨、钢材 900 万吨的综合生产能力。柳钢股份是中国 500 强企业，获评冶金工业规划研究院"2017 年中国钢铁企业综合竞争力测评结果" A 级，是国家发展改革委关注的"百家"重点用能单位之一。

（一）践行绿色理念，加强宣传管理

公司环保意识超前，是率先通过环境体系认证的钢铁企业之一，建立了《环保专业经济责任制考核办法》，将考核结果与责任单位工资总额挂钩，有效推动了各项环保措施落地。建立了完善的环境污染应急准备与响应机制，2017 年共组织开展各类污染应急演练 18 次，其中配合柳州市环保局完成了市级辐射应急专项演练、配合柳州市政府完成突发环境事故应急演练。实施绿色采购，采购中严格执行国家颁布的《商品煤质量管理暂行办法》，对运输单位的资质进行严格审查。开展全公司环保管理骨干培训，环保宣传普及率 100%。2017 年参加活动和安排环保活动 116 人次。

（二）推动技术创新，助理清洁生产

公司生产过程一直遵循清洁生产和循环经济的原则，积极采用新技术降污减排。每个工序都建有废气治理设施，在运行的废气治理设施共有 200 多套。2017 年投资 1.1 亿元实施了烧结脱硫烟气深度净化工程、焦化煤场棚化工程、焦化废水提标提质改造工程等。先后建成干熄焦余热发电、TRT 高炉煤气余压发电、转炉饱和蒸汽发电和烧结环冷余热发电等减排项目，自发电已占全公司用电的 80%以上，在国内处于领先水平。通过各项技术措施，公司 CO_2 排放量连年下降，单位产值能耗从 2016 年的 1.49 吨标准煤/万元下降至 2017 年的 1.06 吨标准煤/万元。

二、峨胜集团

四川峨胜水泥集团股份有限公司（简称"峨胜集团"）前身为四川峨眉山水泥有限公司，位于峨眉山市九里镇，注册资本 7198 万元，主营水泥产品的生产和销售，是四川省首个千万吨级水泥生产企业。2018 年峨胜集团被纳入四川省

"千家"重点用能单位名单。

（一）创建绿色矿山

公司拥有自备石灰石矿山，矿区面积为1.95平方公里，储量约为4.5亿吨，年开采规模为1200万吨。公司重视环境保护，追求可持续发展，自2012年起创建国家级绿色矿山，视"绿水青山"为"金山银山"。具体来讲，围绕"九大标准"，重点就资源综合利用、节能减排、安全生产、技术创新、矿地和谐与企业文化、环保复垦等方面，实施并完成了20个重点项目。分阶段通过了市、省、国家级验收，正式被国土资源部列为"国家级绿色矿山"。现在正进一步打造现代化数字化矿山。

（二）淘汰落后产能，引进先进技术

公司主动淘汰35万吨机立窑水泥生产线，成功实施爆破，累计淘汰落后产能82万吨，并全面实现以新型干法大型水泥生产线生产。淘汰城市生活垃圾卫生填埋厂，引进国际先进的CKK水泥窑城市生活垃圾处理技术，利用峨胜水泥公司环保搬迁3000t/d新型干法水泥生产线预留空地，与水泥窑配套建设峨眉山市利用水泥窑协同处置城市生活垃圾项目。处理过程实现无害化、彻底化。建成后每天可处理生活垃圾400吨，年处理量13万吨，服务范围涉及峨眉山主城区及18个乡镇。公司着重氮氧化物减排工作，主动实施了脱硝工程改造，引进了国际先进的丹麦弗洛微升公司SNCR水泥窑尾脱硝技术。建成后年氮氧化物减排量6000吨，综合脱硝效率55%，氮氧化物减排效果十分明显。

第十三章
2018年东北地区工业节能减排进展

本章从节能减排、结构调整、技术进步和重点用能企业节能减排管理等四个方面，总结、分析了2018年东北地区工业节能减排进展情况。2018年，受东北地区经济回暖影响，东北地区能源消耗较高，节能减排形势较为严峻，但由于环保力度的加大，环境污染状况得到一定程度的缓解。由于结构调整力度逐步加大，高技术行业发展势头良好，新产品增长较快，永磁式大功率能源装备多机智能调速节能技术、基于菱镁矿高效利用阻燃复合材料绿色制造集成技术等关键节能减排技术取得实践应用。沈阳中科环境、吉林亚泰水泥、中国一重集团等重点企业绿色发展成效显著。

第一节 总体情况

东北地区是国有经济占比较高的老工业区，2018年以来，受工业品价格上涨，工业企业尤其是工业类国企的盈利、收入持续改善影响，使得积弱多年的东北工业持续回暖。但东北地区产业结构重化特征依然明显，依赖资源能源的不可持续发展模式依然没有改变。2018年，伴随东北地区工业经济逐步好转，东北地区能源资源消耗、污染物排放水平依然较高。

一、节能情况

2018年11月，国家发改委公布《2017年度各省（区、市）"双控"考核结果》，东北地区的黑龙江考核结果为完成等级，吉林考核结果为超额完成等级，而辽宁省考核结果为未完成等级，与宁夏、新疆成为全国三个未完成考核的省份之一，节能压力较大，详情见表13-1。

表13-1 2018年东北部地区"双控"考核结果

地区	2016年单位地区生产总值能耗降低目标（%）	2016年能耗增量控制目标（万吨标准煤）	考核结果	2017年单位地区生产总值能耗降低目标（%）	2017年能耗增量控制目标（万吨标准煤）	考核结果
辽 宁	3.2	710	未完成	3.2	710	未完成
吉 林	3.2	291	超额完成	3.2	721	超额完成
黑龙江	3.5	160	完成	3.2	420	完成

数据来源：国家发展改革委，2018年12月。

二、主要污染物减排情况

根据《辽宁省2018年环境状况公报》，在2018年，辽宁省14个地级以上城市环境空气质量达标天数比例在71.8%~95.6%，其中优、良天数比例分别为22.3%和58.8%；轻度污染天数比例为15.6%，中度污染为2.8%，重度污染为0.5%，无严重污染天次。与2017年相比，达标天数增加19天，达标比例上升5.3个百分点，优级天数同比增加17天，首次消灭严重污染天次。城市环境空气中细颗粒物（PM2.5）、可吸入颗粒物（PM10）、二氧化硫（SO_2）、二氧化氮（NO_2）年均浓度分别为38微克/立方米、69微克/立方米、23微克/立方米、30微克/立方米，PM2.5超二级标准0.09倍，PM10、SO_2和NO_2符合二级标准；臭氧（O_3）日最大8小时平均第90百分位数浓度平均为157微克/立方米，一氧化碳（CO）日均值第95百分位数浓度平均为1.7毫克/立方米，均符合日均值二级标准。与2017年相比，PM2.5、PM10、SO_2、NO_2、CO浓度分别下降13.6%、10.4%、17.9%、3.2%、5.6%，O_3持平。自2014年以来，除O_3外，辽宁省城市环境空气中的PM2.5、PM10、SO_2、NO_2、CO这5项指标浓度均呈下降趋势。与2014年相比，2018年全省PM2.5、PM10年均浓度分别下降34.5%、30.3%

根据《吉林省2018年环境状况公报》，在2018年，吉林省9个市（州）政府所在地按《环境空气质量标准》（GB3095—2012）开展监测和评价，城市空气环境质量优良天数比例为90.3%，同比提高了7个百分点；可吸入颗粒物（PM10）年均浓度为57微克/立方米，同比下降14.9%；细颗粒物（PM2.5）年均浓度为32微克/立方米，同比下降20.0%；二氧化硫（SO_2）年均浓度为14

微克/立方米,同比下降30.0%;二氧化氮年均浓度为24微克/立方米,同比下降14.3%;一氧化碳95百分位浓度为1.4毫克/立方米,同比下降17.6%;臭氧90百分位浓度为141微克/立方米,同比上升4.4%。

根据《黑龙江省2018年环境状况公报》,在2018年,黑龙江省13个地级及以上城市中有11个环境空气质量达标,哈尔滨和七台河2个城市未达标。SO_2、NO_2、PM10、PM2.5、CO和O_3共六项污染物年均值浓度均达到二级标准,其中SO_2、NO_2和CO浓度达到一级标准。与2017年相比,除O_3浓度升高外,其他5项污染物浓度均有所降低。13个城市PM2.5年均浓度范围为19~39μg/m³,PM10年均浓度范围为34~81μg/m³,SO_2年均浓度范围为7~20μg/m³,NO_2年均浓度范围为13~37μg/m³,CO浓度范围为0.8~1.5mg/m³,O_2浓度范围为95~139μg/m³。2018年全年黑龙江省优良天数比例为93.5%,与2017年相比提高4.4个百分点。全省平均重度及以上污染天数比例为0.5%,与2017年相比降低1.8个百分点。13个城市达标天数比例范围为85.6%~99.4%,与2017年相比,大兴安岭地区下降0.2个百分点,其他12个城市的达标天数比例均有提高。

第二节 结构调整

东北三省作为我国的老工业基地,重化工业是其支柱产业,但具有产业结构较为单一、过度依赖于能源、原材料和装备制造业的特点。近年来,东北三省通过大力调整产业结构,高技术行业发展势头良好,新产品增长较快,去产能工作进展顺利,东北老工业基地正在焕发新的生机。

分地区看,辽宁省高技术行业和新产品增长较快,2018年1—11月,规模以上计算机、通信和其他电子设备制造业增加值增长21.9%,铁路、船舶、航空航天和其他运输设备制造业增加值增长20.2%。从新产品产量看,光缆产量同比增长55.1%,新能源汽车产量增长24.9%,太阳能电池(光伏电池)产量增长19.3%,工业机器人产量增长16.1%,城市轨道车辆产量增长13.6%。

2018年吉林省生产总值增速逐季提高,全年增长4.5%。规模以上工业增加值增长5%。固定资产投资增长1.6%。社会消费品零售总额增长4.8%。外贸进出口额增长8.6%。服务贸易增长10%,服务业对经济增长贡献率达到51.3%。经济结构得到优化提升,高新技术企业、科技小巨人企业数量分别增长69.8%、161.1%。前三季度,吉林省八大重点产业中,汽车制造业、医药产业、能源工业和纺织工业增加值同比增长15.8%、11.5%、19.6%和10.2%;石油化工产业、食品产业、冶金建材产业、信息产业增加值同比下降0.6%、

1.4%、2.2%和5.1%。

黑龙江省深入推进供给侧结构性改革。根据省政府工作报告，2018年淘汰关闭小煤矿245处，退出落后产能1483万吨。产业结构调整升级取得新进展。规模以上工业增加值预计增长2.8%，其中农副食品加工业增长8.9%，医药制造业增长10.4%。积极培育新动能，高技术制造业增加值预计增长11.2%，工业机器人、数控机床、新材料等产业产值高速增长。高新技术企业总数达1120家，增长20.5%。现代服务业持续发展，实现旅游收入2253亿元，增长18%。哈尔滨机场旅客吞吐量首超2000万人次，连续三年居东北首位。各项贷款余额增长4.4%。电子商务交易额、网上零售额分别增长25%、40%。

第三节　技术进步

一、永磁式大功率能源装备多机智能调速节能技术

永磁式大功率能源装备多机智能调速节能技术由煤科集团沈阳研究院有限公司研发，并获得"国家'十三五'科技重大专项"支持，适用于能源领域高速、重载、大功率装备的传动系统。永磁式大功率能源装备多机智能调速节能技术基于电磁感应原理，通过电机带动导磁体盘切割永磁体磁力线产生感应涡流，在涡流磁场与永磁体磁场相互作用下生成转矩带动永磁体盘旋转，驱动负载运行，并通过自主调节导磁体盘和永磁体之间的气隙精确控制传递扭矩大小，实现不同特性负载输出转速和输出扭矩的精确调节。采用MRAS智能控制策略实现恒扭矩负载的软启动，减小电机及设备损伤，缩短电流浪涌时间，降低运行电流；采用模糊自适应整定PID控制策略控制多机驱动场合电机输出功率，按需出力，实现多机功率平滑控制，节省电能；应用于离心式负载调速时，可实时精确调节流量，减少阻力损失，节能降耗。针对石化、钢铁等应用泵类离心式负载的企业，调速传动系统占总设备量15%~20%，预期2020年节能潜力约为1.73亿kWh/a，减少二氧化碳排量130万吨/a。

二、基于菱镁矿高效利用阻燃复合材料绿色制造集成技术

基于菱镁矿高效利用阻燃复合材料绿色制造集成技术由辽宁精华新材料股份有限公司研发，并列入科技部"十二五"国家科技支撑计划、国家国际科技合作专项项目计划，已在辽宁省大部分地区展开应用推广。基于菱镁矿高效利用阻燃复合材料绿色制造技术是以废旧聚乙烯、木质纤维和低品位菱镁矿粉为主要原料，添加无卤阻燃剂和助剂，经成型物料配制、平行双螺杆挤出造粒、

锥形双螺杆挤出成型和后处理等工艺制成的户外用无卤阻燃木塑复合材料。该技术采用的复合型无卤阻燃剂包括氢氧化镁、氢氧化铝、红磷等主要成分，利用协效阻燃原理，提高了无卤阻燃木塑复合材料的阻燃性能。该地板生产过程环保，地板所用材料可循环利用，实现了资源节约利用。预期2020年节能潜力能达到二氧化碳减排量5.46万吨/啊，减少3万立方米的森林砍伐，实现节能量33万tce/a。

第四节 重点用能企业节能减排管理

一、沈阳中科环境

沈阳中科环境工程科技开发有限公司（简称"沈阳中科环境"）是一家集金属、非金属表面处理和重金属检测与污染防治于一体的综合科技企业，公司成立于2011年，主要业务包括环境工程技术服务、咨询、转让，金属、非金属表面处理及产品、防腐蚀技术及其软件、腐蚀监测技术及产品、三废治理装备和整备技术及产品、去除核污染装备、整备技术及相关产品、化工产品的研发、技术开发、技术咨询、技术服务、制造及销售等。近年来，沈阳中科环境积极推进企业绿色低碳发展战略，通过开展产品生态设计能力建设、制度建设、机构建设，不断提高产品品牌影响力，绿色产品建设取得重要成效。

（一）推进企业绿色低碳发展战略

企业积极落实产品生命周期理念，采用生态设计思维、工具和技术推动企业未来产品创新。具体包括建立企业绿色低碳发展战略的支撑机制：一是通过构建全生命周期绿色环保化学电镀产品加工示范基地的建设，增强企业自主创新能力；二是构建辽宁省表面工厂技术研究中心、辽宁省重金属检测与污染防治工程技术研究中心、放射性废物最小化技术工程实验室等三个科研中心，提高企业绿色竞争力；三是加强生态设计科研队伍建设，公司依托中国科学院金属研究所雄厚的师资力量和优秀的教育资源，并同辽宁各高校重金属检测研发专家和教授的紧密合作，不断提升企业科研队伍力量。

（二）加强产品生态设计能力建设

第一，设计与打造绿色产业链，公司投资3000万元实施了企业整体搬迁产业升级建设工程，将公司整体搬迁至沈阳市经济技术开发区内，通过优化区域布局和改善交通条件，便利了企业同上下游企业之间的链接，紧密了上下游产业链的关系。

第二，优化提升技术装备，公司结合自身的优势和资源条件对化学电镀加工过程进行结构优化设计，通过技术改革、工艺改进、人员配备的优化，提高了公司技术装备的性能和效率。

第三，加强回收利用设计，针对重金属污染严重且昂贵的特点，公司重点对镍进行了回收和再利用，通过从采用氧化化学沉淀法，调整废液的 pH 值等多种工艺和措施，公司实现了镍的高效回收再利用。

第四，优化生产环节的设计，通过优化工艺环节，实现了废液的循环再利用，使其更加符合生态设计的要求，减少了二次污染，降低了能耗。

（三）加强生态设计管理制度建设

公司组建生态设计推进领导小组，由公司董事长、总经理担任主要职务，运营部、项目部、科研部等相关单位及部门领导为成员，负责总体指挥、协调各部门共同推进生态设计各项工作。此外还从三个方面加强制度建设，一是制定管理制度，尽可能量化相关工作，把激励和约束机制结合起来，提高员工的积极性。二是建立企业生态责任奖励制度，对认真履行生态责任的个人及部门予以表彰和奖励。三是建立质量管理制度，加强企业生态责任教育，并通过企业全面的质量管理，把生态意识和质量管理融合起来，贯彻到企业的日常运营中。

二、吉林亚泰水泥有限公司

吉林亚泰水泥有限公司（简称"亚泰水泥"）是亚泰集团的支柱企业之一，现拥有国内最大的两座优质石灰石矿山资源，有六条熟料生产线，三台水泥磨和三台装机容量为 33 兆瓦的纯低温余热发电系统；年开采石灰石 1100 万吨，年产熟料 740 万吨、水泥 317 万吨，年发电量 2.5 亿度，总资产 66 亿元，是东北水泥工业的龙头企业和中国水泥工业基地之一，是国家首批循环经济试点单位。近年来，公司从健全管理制度、推行企业绿色低碳发展战略、开展清洁生产及节能降耗改造等方面，不断提高水泥生产的绿色发展水平。

（一）建立健全企业绿色发展管理制度

绿色发展管理制度是推进企业绿色化发展的重要保障和基础，近年来，亚泰水泥不断完善和规范企业绿色管理制度，将绿色管理目标逐级分解，使各项目标落到实处，规范各级部门人员责任，实现企业绿色发展的全员化动员，共同推进企业绿色发展各项工作的完成。在建立绿色管理制度的过程中,企业注重提升企业每一位员工的绿色低碳环保意识,强调从工作的细节方面把绿色环保工作做扎实,通过各种形式的宣传和培训工作,把"争一流管理,保一流环境,创一流效益,做一流贡献"的精神,贯彻到企业的日常工作中,通过提升企业绿色低碳环保意识,打造水泥行业绿色转型的典范。

(二)推行绿色低碳发展战略

一是持续推进企业绿化活动,做好企业生态环境。企业每年都加大绿化投入,持续推进企业内部环境的绿化、美化工作,栽种绿色树苗、铺设草坪,组织人员现场绿化劳动,进一步绿化公司现场环境,营造生态型企业,加大绿化美化工作。目前公司初步形成花园式企业,绿地占整个扩建厂区面积的15%左右。

二是加强产品绿色化管理,公司充分利用同世界500强企业GRH公司战略合作,吸收借鉴其先进经营理念、学习其成熟的管理模式和先进的技术工艺,并在水泥产品设计阶段加强产品生态设计,通过进一步延伸亚泰水泥的产业链,不断提高企业产品的绿色化水平。在产品配料方面,利用工业废弃物替代天然原料,提高产品资源综合利用水平和企业循环发展水平,年消耗煤矸石、粉煤灰、硅废石等工业废渣 69 万吨以上,占到生产生料中总原料消耗的17.6%。利用脱硫石膏替代天然石膏,干粉煤灰、水渣、炉灰渣等作为混合材生产水泥,年消耗 57 万吨以上。

(三)推进工艺绿色化改造

一是通过循环流化床补燃锅炉烟气排放进行脱硫、除尘、脱销技术改造,改造后原有各项指标减排 60%。

二是完成对六条熟料生产线的窑头、窑尾电除尘改为袋袋收尘,改造后,使废气中的粉尘浓度降低到 $25mg/Nm^3$ 以下,运行良好时在粉生浓度 $15mg/Nm^3$ 左右,大大减少了粉尘的排放。

三是对 5 线、3 线窑头燃烧器进行了升级换代,采用新型燃烧器、低风量、大推力技术,减少煅烧过程中氮氧化物的生成,提高煤粉燃烧效果,实现吨熟料线节煤 $2kg/t$ 的同时降低了温室气体的排放。

四是通过循环水项目改造,减少了浓缩水的排放。

三、中国一重集团有限公司

中国一重集团有限公司（简称"中国一重"）始建于1954年，是"一五"期间建设156项重点工程项目之一，是中央管理的涉及国家安全和国民经济命脉的国有重要骨干企业之一。中国一重主要为钢铁、有色、电力、能源、汽车、矿山、石油、化工、交通运输等行业及国防军工提供重大成套技术装备，主要产品有核岛设备、重型容器、大型铸锻件、专项产品、冶金设备、重型锻压设备、矿山设备和工矿配件等。中国一重具备核岛一回路核电设备全覆盖制造能力，是中国核岛装备的领导者、国际先进的核岛设备供应商和服务商，是当今世界炼油用加氢反应器的最大供货商、冶金企业全流程设备供应商。中国一重正加快推动传统产品优化升级，大力发展新能源、节能环保、新材料、农业机械、金融等新业务板块，努力形成优势突出、结构合理、创新驱动、开放协同的发展新格局。集团近年来以环境为重，共护绿水青山、坚持绿色运营、节能减排降碳，积极履行环境保护责任。

（一）强调企业绿色运营管理

公司编制完成《环境保护管理制度》等一级管理制度，《污染源管理办法》等公司级管理办法，监督二级单位编制完成二、三级环保制度，初步搭建了公司环境管理体系。2017年，公司圆满完成12个建设项目的竣工环保验收，解决了自2004年以来，遗留建设项目未进行环保验收的历史问题；全年无一般及以上环境污染事故，各项污染物均达标排放。2017年公司四种主要污染物排放情况：化学需氧量85.97吨、氨氮0.279吨、二氧化硫381.88吨、氮氧化物566.03吨，均达标排放。

（二）加强项目绿色化管理

以项目为抓手，严格项目环保标准，加强建设过程中的环保质量管理，2017年圆满完成12个大型建设项目的竣工环保验收。首先公司对多年来的建设项目进行全面梳理，共清理出12个建设项目，18项环保问题。再针对项目的绿色化管理，公司编制建设项目环保验收一、二级作业指导书，明确验收各项工作的时间节点安排，将建设项目竣工环保验收纳入责任状考核。公司加大资金投入，确保项目绿色发展配套支持，投资4571万元，完成18项"三同时"环保配套工程建设。在实施项目绿色管理过程中，工程建设管理部门每周召开例会，及时解决工程建设过程中存在的问题，并加强不同部门的协调配合，各使用单位积极配合，合理安排生产作业计划，提供施工、试生产条件。此外，公司注重项目绿色管理的进度控制，对重点项目实施计划每天进行落实，有效推进工程实施进度。在环保验收政策发生重大变化的情况下，公司核电生产部、核电石化公司、天津重工有限公司相关业务部门，先后 20 余次赴国家环境保护部、省市环保主管部门，加强与政府部门沟通协调，积极寻求政策支持，圆满完成了 12 个建设项目的竣工环保验收工作。

（三）实施分级管控分层负责

公司将内部 32 处污染源划分为三个等级，对 9 处Ⅰ级、16 处Ⅱ级、7 处Ⅲ级污染源进行分级管控，对管理情况进行评价、考核；同时，每月开展危险废弃物、污染源、辐射安全、环保设备设施等专项检查，对检查中发现的问题进行及时指导、督促整改。在 2017 年，公司共检查发现 24 项一般问题、7 项关键问题、1 项重点问题，并针对重点问题下发整改通知，要求限期整改，按时反馈，随时复查。公司将废石棉纳入危险废物管理，新建危险废物标准化储存库 2 处。设备能源管控中心、军工事业部、重型装备事业部、物资采购中心、核电石化公司共转移处置危险废物 3200 吨；军工事业部、质量检验中心分别开展了 2017 年度危险废物专项应急演练，通过应急演练提高员工应对突发事故的能力，提升基层单位危险废物管理水平。从 2017 年 5 月起，公司以危险废物内部市场化形式，对废切削液进行处置，目前已处置 600 桶，收处工作有序进行，在实现降低处置费用的同时，也提高了处置设施利用效率。

（四）以创新深挖绿色发展措施

公司不断加强能源管理，针对公司能源消费状况、能源消费结构、能源管理架构、能源管理考评等内容，对 14 个基层单位的 30 余名能源管理人员进行系统培训，为进一步提高能源管理能力，奠定了良好的基础。公司积极开展节能宣传，结合生产用能实际开展了《全国节能宣传周》活动，通过集中宣传节能管理知识、节能技术典型案例分析、制作节能低碳展板、播放节能低碳宣传教育片、悬挂节能低碳宣传条幅等方式，营造了良好的节能低碳氛围，提高了全体员工的节能意识。同时，公司还深入挖掘生产工艺、生产组织、设备合理用能上的各个环节，制定了节能管用措施 48 项，同时制定下达了年度《能源考核办法》，加强考核，保证节能措施覆盖生产全过程，有效推动节能工作深入开展。

（五）积极争取政策扶持，壮大绿色发展力量

公司积极争取国家及省市节能优扶政策，申报的"2017 年黑龙江省电力用户企业与发电企业直接交易项目"获批入围，享受优扶电价，全年节省电费支出 2000 万元。公司积极调整生产用电负荷，提高电能利用效率，在保障生产安全运行的前提下，将余量变压器实施暂停措施，全年节省电费支出 3000 万元。公司加强节能技术改造项目运行监督管理工作，利用电炉排烟除尘风机变频调速系统、空压机冷却系统余热为职工浴池提供洗浴热水等项目运行良好。

（六）开展绿色工厂建设

在 2017 年，公司组织相关单位对厂区内存在的环保问题进行梳理，对尚未配套建设环保设施的污染源、历史遗留的环保难点问题进行全面清查，并邀请国内多家知名环保工程公司反复制定、修改、完善技术方案，全年总投资 4571 万元，用于新增、完善环保设备设施。环保问题治理工程得到了公司各级领导的高度重视，公司已解决废钢切割时作业面积大、场地不固定的除尘问题。为焊接、打磨等生产工序生产时零散作业产生粉尘配套建设布袋除尘系统；为油淬工序产生的油烟气配套建设油烟净化装置；为铸造工序产生的有机废气配套建设布袋除尘+活性炭吸附装置；对电镀废水、乳化液废水、生活污水分别建设水处理设施，保证污染废水达标排放；各用水量较大的生产作业点配套建设水循环系统，提高水资源的循环利用率。

政 策 篇

第十四章

2018 年中国工业绿色发展政策环境

2018 年，我国工业以新发展理念为指导，加快推进制造强国战略，深入实施绿色制造工程，着力打造绿色制造体系；通过工业结构调整政策、绿色发展技术政策、绿色发展经济政策等一系列政策的建立和完善，推进工业绿色发展，取得重要进展。

第一节 结构调整政策

2018 年，工业领域进一步加强结构调整政策，淘汰落后产能工作新机制逐步建立完善，淘汰落后产能督导检查工作进一步加强，《关于利用综合标准依法依规推动落后产能退出的指导意见》得到落实，落后产能退出环境进一步优化。同时，为落实国家区域协调发展机制，工业和信息化部发布《产业转移指导目录（2018 年）》，对工业节能减排工作在区域上具有重要影响。为配合"十三五"战略性新兴产业的快速发展，国家统计局发布《战略性新兴产业分类（2018）》。

一、淘汰落后产能

2018 年 8 月，为依法依规推动落后产能应退尽退，严禁产能严重过剩行业新增产能，淘汰落后产能工作部际协调小组办公室发布《关于畅通举报渠道强化落后产能和产能违规置换查处的通知》，通知强调畅通举报渠道是淘汰落后产能和产能置换工作制度建设的重要部分。请各地工业和信息化主管部门高度重视，履行牵头职责，完善举报、核查、处置、惩戒等工作制度，扎实推进相关行业结构调整和优化升级。通知主要包括以下四部分内容：

一是畅通举报渠道，强调各地要整合现有信访渠道和政府公共服务平台，设立统一的淘汰落后产能和产能置换省级举报平台，明确工作要求，制定工作流程，集中受理举报。举报渠道可包括电话、传真、电子邮箱、网络等多种形式，并在门户网站上向社会公开，接受社会监督。

二是强化举报核查，强调要认真梳理甄别举报信息，对属于能耗、环保、安全、技术达不到标准和生产不合格产品或淘汰类产能，以及违规制定和不严格执行水泥、平板玻璃产能置换方案的举报，依据各地贯彻落实《关于利用综合标准依法依规推动落后产能退出的指导意见》的工作分工，按职责限期核查。实名举报做到有报必查。核查工作中，要积极发挥有关行业协会等中介组织及行业专家力量，提高工作准确性。

三是依法依规处置，强调根据核查结果，按照职责分工，对属于未按期淘汰的工艺技术装备落后的产能，督促企业主动拆除主体设备；暂不具备拆除条件的，采取断电、断水，拆除动力装置，封存主体设备，向社会公开承诺不再恢复生产，并在省级人民政府或省级主管部门网站公告。对未按期完成整改或经整改后能耗、环保、质量、安全仍不达标的产能，依法关停、停业、关闭、取缔，加强日常监管，防止死灰复燃。对未按规定制定、公告和不严格执行产能置换方案的水泥、平板玻璃建设项目，要责令企业停止项目建设，已试生产的要停止试生产，督促企业依规制定和完善产能置换方案，并通报投资、节能、自然资源、生态环境、金融等相关主管部门。

四是实行联合惩戒，强调发挥省级淘汰落后产能工作领导（协调）小组作用，加强工业和信息化、发展改革、财政、自然资源、生态环境、市场监管、应急管理、金融监管、能源等部门间的信息共享，对未按期完成落后产能退出的企业，将有关信息纳入信用信息共享平台，在"信用中国"网站等平台公布，实行联合惩戒和信用约束。各有关部门应及时吊销（注销）排污许可、生产许可等证照，将行政许可、行政处罚等有关涉企信息及时归集至国家企业信用信息公示系统进行公示。

二、产业转移与优化空间布局

2018年11月，国家发布《关于建立更加有效的区域协调发展新机制的意见》，意见针对当前我国区域发展差距大、区域分化凸显、区域无序开发与恶性竞争等突出问题，提出发挥各地区比较优势，加快形成统筹有力、竞争有序、绿色协调、共享共赢的区域协调发展新机制。意见提出到2020年，建立与全面建成小康社会相适应的区域协调发展新机制。到2035年，建立与基本实现现代化相适应的区域协调发展新机制。对此，意见明确八项重点任务：

一是建立区域战略统筹机制，以"一带一路"建设、京津冀协同发展、长江经济带发展、粤港澳大湾区建设等重大战略为引领，推动国家重大区域战略融合发展，统筹发达地区和欠发达地区发展，推动陆海统筹发展。

二是推动区域市场一体化建设，完善区域交易平台和制度，促进城乡区域间要素自由流动。

三是推动区域合作互动，促进流域上下游合作发展，加强省际交界地区合作，积极开展国际区域合作。

四是优化区域互助机制，深入实施东西部扶贫协作，深入开展对口支援，创新开展对口协作（合作）。

五是建全区际利益补偿机制，完善多元化横向生态补偿机制，建立健全粮食主产区与主销区之间、资源输出地与输入地之间的利益补偿机制。

六是完善基本公共服务均等化机制，推动城乡区域间基本公共服务衔接。

七是实行差别化的区域政策，建立区域均衡的财政转移支付制度，建立健全区域政策与其他宏观调控政策联动机制。

八是健全区域发展保障机制，规范区域规划编制管理，建立区域发展监测评估预警体系，建立健全区域协调发展法律法规体系。

为落实《中共中央国务院关于建立更加有效的区域协调发展新机制的意见》的相关内容，推进流域产业有序转移和优化升级，推进上下游地区协调发展，工业和信息化部组织对《产业转移指导目录（2012年）》进行修订，于2018年12月发布《产业转移指导目录（2018年）》。产业转移对优化产业空间布局，实现区域平衡协调发展，加快新旧动能转换，促进经济转型升级，推进供给侧结构性改革具有重要意义，是促进区域协调发展的实际举措和实现高质量发展的内在要求，更是加快制造强国建设，迈向全球价值链中高端的有效助推，同时也对工业节能减排和生态文明建设具有重大影响。相比2012年版本，《产业发展与转移指导目录（2018年）》主要变化包括以下方面：

一是增加新兴产业门类，引导产业发展与转移与时俱进。为顺应产业发展新趋势、新特点，《目录》在2012年版本15个行业门类基础上增加了智能制造装备、节能环保、新材料、新能源等产业门类，契合了产业转型升级的发展方向，体现了地方、行业发展意愿和诉求。

二是增加优先承接地，引导各地突出特色、错位发展。《目录》将优先承接发展产业的承接地细化到具体地区（市、州、盟），一方面指导和推动各省（区、市）将《目录》细化落地，引导各地突出比较优势；另一方面，便于产业转移各方获取更加精准的信息参考。

三是增加引导优化调整的产业，引导产业发展与转移升级。《目录》引导各地统筹考虑资源环境、发展阶段、市场条件等因素，对现有存量产业提出需要调整退出的产业条目，对未来不宜再承接的产业予以明示，促进地方制造业发展转型升级。

四是《目录》名称增加"发展"，引导各地统筹发展与转移的关系，立足全局，全面对标高质量发展要求，统筹考虑发展基础、阶段、潜力等因素，推动工业经济发展由数量规模扩张向质量效益提升转变。

三、培育战略性新兴产业与打造绿色制造体系

2018年11月，为准确反映"十三五"国家战略性新兴产业发展规划情况，满足统计上测算战略性新兴产业发展规模、结构和速度的需要，国家统计局发布《战略性新兴产业分类（2018）》，新版分类规定战略性新兴产业是以重大技术突破和重大发展需求为基础，对经济社会全局和长远发展具有重大引领带动作用，知识技术密集、物质资源消耗少、成长潜力大、综合效益好的产业，包括新一代信息技术产业、高端装备制造产业、新材料产业、生物产业、新能源汽车产业、新能源产业、节能环保产业、数字创意产业、相关服务业等9大领域。新版分类以现行《国民经济行业分类》（GB/T 4754—2017）为基础，对其中符合战略性新兴产业特征的有关活动进行再分类，注重实际可操作性，立足现行统计制度和方法，充分考虑数据的可获得性，以保证统计部门能够采集到"战略性新兴产业"活动的数据。新版分类适用于对"十三五"国家战略性新兴产业发展规划进行宏观监测和管理；适用于各地区、各部门依据本分类开展战略性新兴产业统计监测。

2016年以来，工业和信息化部大力推动工业结构绿色低碳转型，提升促进传统制造业绿色化改造，通过创新工作方法，推动构建绿色、低碳、循环的绿色制造体系。经过3年的努力，目前已经在国内建成1402家绿色工厂、118家绿色园区、90家绿色供应链管理示范企业，鼓励企业开发1097种绿色产品。我国工业绿色低碳转型取得了积极成效，我国规模以上工业企业2016年、2017年两年累计节能约3亿吨标准煤，企业节约能源成本超过3000亿元，可减排二氧化碳约7.8亿吨，实现了经济效益和生态效益双赢。绿色制造已成为推动我国工业绿色发展，应对气候变化的有效途径。

第二节 绿色发展技术政策

一、建设完善绿色标准体系

绿色标准是实现绿色制造、构建绿色制造体系，推动国家生态文明建设的重要制度基础，对推动工业绿色转型升级、加强节能减排工作具有重要支撑作用。

（一）绿色标准体系建设

《工业节能与绿色标准化行动计划（2017—2019年）》提出，到2020年，在单位产品能耗水耗限额、产品能效水效、节能节水评价、再生资源利用、绿色制造等领域制修订300项重点标准，基本建立工业节能与绿色标准体系。截至2018年12月，2017年确立的286项标准研究项目中有90项已发布或报批，其余研究项目按进度有序开展。

2018年7月，为落实《工业节能与绿色标准化行动计划（2017—2019年）》，促进工业能效提升与绿色发展，工业和信息化部发布《关于征集2018年工业节能与绿色标准研究项目的通知》，重点征集钢铁、有色金属、石化、化工、建材、机械、汽车、轻工、纺织、电子等行业的工业节能标准（单位产品能耗限额、重点用能设备产品能效、节能技术规范、节能监察、能源计量、能效测试等），绿色制造体系相关评价标准（绿色工厂、绿色设计产品、绿色园区、绿色供应链等），以及节水、资源综合利用等方面的标准，共征集213项。

（二）单位产品能耗限额标准

2018年，我国发布并实施机械、化工、冶金等多个行业的单位产品能耗及能耗限额标准有7项（见表14-1）。

表14-1　2018年发布的单位产品能耗限额标准

序号	标准编号	标准名称
1	DB37/ 752—2018	炭黑单位产品能耗限额
2	DB37/ 756—2018	轮胎单位产品能耗限额
3	GB 36887—2018	合成革单位产品能源消耗限额
4	GB 36888—2018	预拌混凝土单位产品能源消耗限额
5	GB 36891—2018	莫来石单位产品能源消耗限额

续表

序号	标准编号	标准名称
6	GB 36892—2018	刚玉单位产品能源消耗限额
7	YB/T 4600—2018	电煅无烟煤及能源消耗限额

数据来源：国家标准化管理委员会，2018年12月。

（三）能效标准

2018年，我国发布工业产品能效限定值和能效等级及相关标准26项（见表14-2）。

表14-2 2018年发布的能效限定值和能效等级及相关标准

序号	标准号	标准名称
1	DL/T 1929—2018	燃煤机组能效评价方法
2	GB 35971—2018	空气调节器用全封闭型电动机-压缩机能效限定值及能效等级
3	GB/T 36023—2018	钢带连续彩色涂层工序能效评估导则
4	GB/T 36025—2018	钢带连续热镀锌工序能效评估导则
5	GB/T 36571—2018	并联无功补偿节约电力电量测量和验证技术规范
6	GB/T 36714—2018	用能单位能效对标指南
7	GB 36893—2018	空气净化器能效限定值及能效等级
8	GB/T 51285—2018	建筑合同能源管理节能效果评价标准(附条文说明)
9	JB/T 11764—2018	内燃平衡重式叉车 能效限额
10	JB/T 12991—2018	机床电气设备及系统 金属带锯床能效等级及评定方法
11	JB/T 12992.1—2018	电动机系统节能量测量和验证方法 第1部分：电动机现场能效测试方法
12	JB/T 12993—2018	三相异步电动机再制造技术规范
13	JB/T 13248—2018	压铸机能效等级及评定方法
14	JB/T 13312—2018	工业制动器 能效限额
15	JB/T 13357—2018	起重机械用制动电动机 能效限额
16	NY/T 3210—2018	农业通风机 性能测试方法
17	NY/T 3211—2018	农业通风机 节能选用规范
18	T/CAS 308—2018	家用储水式电热水器智能节能技术规范
19	T/CAS 309—2018	智能储水式电热水器能效评价规范
20	T/CECS 549—2018	空调冷源系统能效检测标准

续表

序号	标准号	标准名称
21	T/CGMA 033001—2018	压缩空气站能效分级指南
22	T/GDBX 007—2018	家用和类似用途转速可控型空气源热泵热水机（器）能效限定值及能效等级
23	T/GDEACC 05—2018	家用和类似用途电水壶能效限定值及能效等级
24	T/GDES 21—2018	筒子纱染色机热效率测定方法
25	T/GDES 22—2018	染色机热效率测定方法
26	YB/T 4662—2018	钢铁企业能效评估通则

数据来源：国家标准化管理委员会，2018年12月。

（四）绿色产品设计标准

2018年，我国在绿色产品设计方面已经先后发布22项标准，涉及厨房厨具用不锈钢、打印机及多功能一体机、电视机、微型计算机等产品（见表14-3）。

表14-3 2018年发布的绿色产品设计标准清单

序号	标准编号	标准名称
1	T/SSEA 0010—2018	《绿色设计产品评价规范 厨房厨具用不锈钢》
2	T/CESA 1017—2018	《绿色设计产品评价技术规范 打印机及多功能一体机》
3	T/CESA 1018—2018	《绿色设计产品评价技术规范 电视机》
4	T/CESA 1019—2018	《绿色设计产品评价技术规范 微型计算机》
5	T/CESA 1020—2018	《绿色设计产品评价技术规范 智能终端 平板电脑》
6	T/CAGP 0026—2018 T/CAB 0026—2018	《绿色设计产品评价技术规范 稀土钢》
7	T/CAGP 0027—2018 T/CAB 0027—2018	《绿色设计产品评价技术规范 铁精矿（露天开采）》
8	T/CAGP 0028—2018 T/CAB 0028—2018	《绿色设计产品评价技术规范 烧结钕铁硼永磁材料》
9	T/CNIA 0004—2018	《绿色设计产品评价技术规范 锑锭》
10	T/CNIA 0005—2018	《绿色设计产品评价技术规范 稀土湿法冶炼分离产品》
11	TCPCIF/0011—2018	《绿色设计产品评价技术规范 汽车轮胎》
12	TCPCIF/0012—2018	《绿色设计产品评价技术规范 复合肥料》

续表

序号	标准编号	标准名称
13	T/CEEIA 296—2017	《绿色设计产品评价技术规范 电动工具》
14	T/CEEIA 334—2018	《绿色设计产品评价技术规范 家用及类似场所用过电流保护断路器》
15	T/CEEIA 335—2018	《绿色设计产品评价技术规范 塑料外壳式断路器》
16	T/CAGP 0030—2018 T/CAB 0030—2018	《绿色设计产品评价技术规范 涤纶磨毛印染布》
17	T/CAGP 0031—2018 T/CAB 0031—2018	《绿色设计产品评价技术规范 核电用不锈钢仪表管》
18	T/CAGP 0032—2018 T/CAB 0032—2018	《绿色设计产品评价技术规范 盘管蒸汽发生器》
19	T/CAGP 0033—2018 T/CAB 0033—2018	《绿色设计产品评价技术规范 真空热水机组》
20	T/CAGP 0034—2018 T/CAB 0034—2018	《绿色设计产品评价技术规范 户外多用途面料》
21	T/CAGP 0041—2018 T/CAB 0041—2018	《绿色设计产品评价技术规范 片式电子元器件用纸带》
22	T/CAGP 0042—2018 T/CAB 0042—2018	《绿色设计产品评价技术规范 滚筒洗衣机用无刷直流电动机》

数据来源：工业和信息化部，2018年12月。

（五）绿色工厂评价标准

2018年5月，《绿色工厂评价通则（GB/T 36132-2018）》正式发布，这是我国第一个绿色工厂相关标准，这一标准将有利于引导绿色工厂的创建，推动工业绿色转型升级，实现企业工厂的绿色发展。标准从绿色工厂的术语定义、基本要求、基础设施、管理体系、能源资源投入、产品、环境排放、绩效等几个方面，按照"厂房集约化、原料无害化、生产洁净化、废物资源化、能源低碳化"的原则，建立了绿色工厂系统评价指标体系，提出了绿色工厂评价通用要求。

2018年9月，《电子信息制造业绿色工厂评价导则（2015-1786T-SJ）》和《钢铁行业绿色工厂评价导则（2016—1393T-YB）》公开征求意见，标准对电子信息制造业和钢铁行业绿色工厂的评价导则进行了定义和规范。11月，为推动机械、汽车、电器电子等典型行业绿色供应链建设，工业和信息化部组织编制了《机械行业绿色供应链管理企业评价指标体系》《汽车行业绿色供应链管理企业评价指标体系》及《电器电子行业绿色供应链管理企业评价指标体系》，公开征求意见。

二、推广重点节能减排技术

（一）国家发展改革委发布的重点节能低碳技术推广目录

2018年2月，国家发展改革委发布《国家重点节能低碳技术推广目录（2017年本节能部分）》，其中包括煤炭、电力、钢铁、有色、石油石化、化工、建材等13个行业，共260项重点节能技术。"十三五"期间，国家发展改革委发布的重点节能低碳技术推广目录发布情况见表14-4。

表14-4 "十三五"期间国家发展改革委发布的国家重点节能技术推广目录

批次	发布时间	行业类型	数量
2015年本，节能部分	2016年1月	煤炭、电力、钢铁、有色金属、石油石化、化工、建材、机械、轻工、纺织、建筑、交通、通信	266项
2016年本，节能部分	2017年1月	煤炭、电力、钢铁、有色、石油石化、化工、建材、机械、轻工、纺织、建筑、交通、通信	296项
2017年本，低碳部分	2017年4月	非化石能源、燃料及原材料替代、工艺过程等非二氧化碳减排、碳捕集利用与封存、碳汇	27项
2017年本，节能部分	2018年2月	煤炭、电力、钢铁、有色金属、石油石化、化工、建材、机械、轻工、纺织、建筑、交通、通信	260项

数据来源：国家发展改革委，2018年12月。

（二）工业和信息化部发布的国家工业节能环保技术装备目录

2018年10月，工业和信息化部发布《国家工业节能技术装备推荐目录（2018）》，其中节能技术包括了重点行业节能改造技术、装备系统节能技术、煤炭高新清洁利用及其他节能技术；节能装备部分包括了工业锅炉、变压器、电动机、泵、压缩机、风机、塑料机械等37项工业节能技术、147项工业节能装备。

2018年10月，工业和信息化部发布《"能效之星"产品目录（2018）》，目录涵盖了终端消费品类产品和工业装备产品共80项，其中终端消费品类产品包括电动洗衣机、热水器、液晶电视、房间空气调节器、家用电冰箱、电饭锅、微波炉、吸油烟机等 8 大类 11 种类型 84 个型号的消费类产品，具体有电动洗衣机 10 个型号产品，热水器 27 个型号产品，液晶电视 5 个型号产品，房间空气调节器 14 个型号产品，家用电冰箱 18 个型号产品，电饭锅 5 个型号产品，微波炉 2 个型号产品，吸油烟机 3 个型号产品。工业装备产品 7 大类 54 个型号产品，具体包括工业锅炉 8 个型号产品，变压器 9 个型号产品，电机 7 个型号产品，泵 14 个型号产品，压缩机 10 个型号产品，风机 3 个型号产品，塑料机械 3 个型号产品。

三、两化融合

2018 年 1 月，工业和信息化部、国家机关事务管理局、国家能源局联合发布《国家绿色数据中心名单（第一批）》，包括 49 家数据中心。同时，工业和信息化部发布《绿色数据中心先进适用技术产品目录（第二批）》，涉及能源效率提升、废弃设备及电池回收利用、可再生能源和清洁能源应用、运维管理等 4 个领域 28 项技术产品。

第三节 绿色发展经济政策

一、财政税收政策

2018 年 5 月，财政部发布《工业企业结构调整专项奖补资金管理办法》，用于支持地方政府和中央企业推动钢铁、煤炭等行业化解过剩产能工作的以奖代补资金。专项奖补资金执行期限暂定至 2020 年。

二、价格政策

2018 年 6 月，国家发布《关于创新和完善促进绿色发展价格机制的意见》，强调加快建立健全能够充分反映市场供求和资源稀缺程度、体现生态价值和环境损害成本的资源环境价格机制，完善有利于绿色发展的价格政策，将生态环境成本纳入经济运行成本，撬动更多社会资本进入生态环境保护领域，促进资源节约、生态环境保护和污染防治，推动形成绿色发展空间格局，优化产业结构，改进生产方式和生活方式，不断满足人民群众日益增长的优美生态环境需要。意见强调要坚持问题导向、污染者付费、激励约束并重、因地分类施策的原则。提出到 2020 年，基本形成有利于绿色发展的价格机制、价格政策体系；到 2025 年，适应绿色发展要求的价格机制更加完善，并落实到全社会各方面各环节。

对此，要重点完成四项工作，一是完善污水处理收费政策，建立城镇污水处理费动态调整机制，建立企业污水排放差别化收费机制，建立与污水处理标准相协调的收费机制，探索建立污水处理农户付费制度，健全城镇污水处理服务费市场化形成机制。二是健全固体废物处理收费机制，建立健全城镇生活垃圾处理收费机制，完善城镇生活垃圾分类和减量化激励机制，探索建立农村垃圾处理收费制度，完善危险废物处置收费机制。三是建立有利于节约用水的价格机制，深入推进农业水价综合改革，完善城镇供水价格形成机制，全面推行城镇非居民用水超定额累进加价制度，建立有利于再生水利用的价格政策。四是健全促进节能环保的电价机制，完善差别化电价政策，完善峰谷电价形成机制，完善部分环保行业用电支持政策。

三、金融政策

2018年3月，中国人民银行发布《关于加强绿色金融债券存续期监督管理有关事宜的通知》，通知规定加强对存续期绿色金融债券募集资金使用的监督核查，确保资金切实用于绿色发展；加强对存续期绿色金融债券信息披露的监测评价，提高信息透明度；加强对存续期绿色金融债券违规问题的督促整改，完善动态管理机制；加强组织协调，明确工作责任，确保将绿色金融债券存续期监管工作落到实处。《通知》还一并下发了《绿色金融债券存续期信息披露规范》，明确绿色金融债券发行人应在年度报告中对报告期内投放的绿色项目情况进行披露，披露内容可隐去关键商业信息。

2018年11月，工业和信息化部与中国农业银行联合发布《关于推进金融支持县域工业绿色发展工作的通知》，通知提出在县域工业绿色发展层面，充分利用多种金融手段，积极支持加快制造业绿色改造升级、强化绿色制造技术创新、积极构建绿色制造体系、培育壮大绿色环保产业等重点领域，积极支持工业设计、生产、物流、消费等全产业链绿色转型。通知还提出要在县域工业绿色发展层面，加强金融创新支持县域工业绿色发展，创新绿色金融产品，完善信贷支持政策，建立多方合作金融服务模式，提高金融服务效率。

第十五章
2018年中国工业节能减排重点政策解析

第一节 坚决打好工业和通信业污染防治攻坚战三年行动计划

2018年7月23日,工业和信息化部印发《坚决打好工业和通信业污染防治攻坚战三年行动计划》(工信部节〔2018〕136号,以下简称《行动计划》),旨在未来三年持续推动制造强国和网络强国建设,全面推进工业绿色发展,促进工业和通信业高质量发展。

一、发布背景

党的十九大对加强生态文明建设、打好污染防治攻坚战、建设美丽中国做出了全面部署。2018年4月2日,习近平总书记主持中央财经委员会第一次会议,会上做出"打赢蓝天保卫战,打好柴油货车污染治理、城市黑臭水体治理、渤海综合治理、长江保护修复、水源地保护、农业农村污染治理攻坚战等七场标志性重大战役"的要求。5月18日至19日,党中央、国务院召开全国生态环境保护大会,习近平总书记对坚决打好污染防治攻坚战做出再部署,提出新要求。6月16日,中共中央、国务院印发《关于全面加强生态环境保护坚决打好污染防治攻坚战的意见》,明确了打好污染防治攻坚战的时间节点、路线途径和重点任务。为贯彻落实《中共中央国务院关于全面加强生态环境保护 坚决打好污染防治攻坚战的意见》,切实履行工业和通信业生态环境保护责任,工业和信息化部制定并印发了《行动计划》，推动打好污染防治攻坚战，促进工业和通信业高质量发展。

二、政策要点及主要目标

《行动计划》围绕产业结构和布局、绿色智能改造提升、绿色制造产业等影响工业和通信业高质量发展的核心问题，提出了14项具体的任务和政策措施，并对规模以上企业单位工业增加值能耗、单位工业增加值用水量等指标提出了具体目标，重点总结为以下三个方面：

一是加大重点行业去产能力度，实现总量控制。指导重点区域和重点流域产业合理转移，优化产业布局和规模。坚持用市场化、法治化手段，严格执行环保、能耗、质量、安全、技术等强制性综合标准，确保落后产能应去尽去。以处置"僵尸"企业、去除低效产能、关停不符合布局规划的产能为重点，继续压减过剩产能。建立打击"地条钢"长效机制，决不允许已出清的"地条钢"死灰复燃。在重点区域实施秋冬季重点行业错峰生产，加强错峰生产督导检查，防止错峰生产"一刀切"。积极配合生态环境部开展"'散乱污'企业综合整治"工作，参与制定"散乱污"企业及集群整治标准，支持列入整改提升的工业企业开展升级改造。到2020年，实现重点区域和重点流域重化工业比重明显下降，产业布局更加优化，结构更加合理。

二是大力推进传统制造业绿色智能改造，强化源头控制。以"两高"行业为重点，支持企业实施绿色化、智能化的升级改造。加大原材料、装备、消费品、电子、民爆等重点行业智能制造推广力度。对重点耗能企业实施节能监察，实现对重点高耗能行业全覆盖。大力推进长江经济带工业固体废物综合利用，推动新能源汽车动力蓄电池回收利用。加强工业节水，提高重点地区工业节水标准，推广节水工艺和技术装备，提高高耗水行业用水效率。力争到2020年，完成百项绿色标准，创建百家绿色工业园区、建设千家绿色工厂、推广万种绿色产品，打造一批绿色供应链企业。利用绿色信贷和绿色制造专项建成一批重大项目，推动能源资源利用效率提升，带动工业绿色发展，实现单位工业增加值能耗下降18%以上、单位工业增加值用水量比2015年下降23%的目标。

三是加快发展新兴产业，推动新旧动能转换。发挥产业政策的导向作用，支持新一代信息技术、高端装备、新材料、生物技术等先进制造业快速发展。大力发展绿色产业，强化创新驱动，积极培育绿色低碳新增长点，发展壮大节能环保、清洁生产和清洁能源产业，加大先进环保装备推广应用力度，提升环保装备技术水平，以自愿性清洁生产审核为抓手，在重点行业推进清洁生产技术改造。推动互联网、大数据、人工智能和制造业深度融合。加大新能源汽车推广力度，争取 2020 年实现产销量达到 200 万辆左右的目标。

三、政策解析

（一）以"负面清单"为抓手推动长江经济带绿色发展

长江经济带工业企业密集，环境风险点多，产业结构和布局不合理造成累积性、叠加性和潜在性的生态环境问题突出，制约长江经济带持续健康发展。《行动计划》提出，要优化产业布局，落实京津冀和长江经济带产业转移指南，并提出实施长江经济带产业发展市场准入负面清单。"负面清单"同时也是政府的"责任清单"，有效地提高了政府的行政效率。"负面清单"的出台，意味着一些企业需要关停转移，同时也意味着市场准入负面清单以外的企业，皆可依法平等进入。对于地方政府来说，短期内可能需承受因转型带来的税收、就业减少的压力，但长期来看，可以促进长江经济带地区新兴产业的转入及培育，将给地区经济发展带来更大可持续发展的机会，有效推动长江经济带绿色发展。

（二）压减钢铁产能力度大，将对钢铁价格产生波动

压减过剩产能是《行动计划》中的重要目标之一，《行动计划》提出"2018 年再压减钢铁产能 3000 万吨左右，力争提前完成"十三五"期间钢铁去产能 1.5 亿吨的目标"。据工业和信息化部门户网站发布的 2018 年前三季度钢铁行业运行情况显示，2018 年我国钢材价格高位运行，我国 2018 年前三季度钢材综合价格指数平均为 116.3，同比增长 11.9%。截至 2018 年 9 月底，钢材综合价格指数为 121.64，同比增长 6.9%。压减钢铁产能还将导致未来一段时间市场供求关系的波动，预计短期内钢铁价格会继续上涨。

（三）秋冬季实施错峰生产重点区域范围扩大，强调严防"一刀切"现象发生

《行动计划》中实施错峰的重点区域较之前的京津冀"2+26"城市扩大到长三角和汾渭地区。重点区域包括京津冀及周边地区（11 个市/地区），山西省（4 个市）， 山东省（7 个市），河南省（7 个市）；长三角地区，包含上海市、江苏省、浙江省、安徽省；汾渭平原，包含山西省晋中、运城、临汾、吕梁市，河南省洛阳、三门峡，陕西省西安、铜川、宝鸡、咸阳、渭南及杨凌示范

区等。京津冀及周边地区是目前我国 PM2.5 浓度最高的区域，汾渭平原二氧化硫浓度位列第一，PM2.5 浓度位列第二，成为环保新焦点。《行动规划》提出了"差别化管理""严防错峰生产'一刀切'"等要求，本着总量控制、因地制宜、分业实策、有保有压的思路，按照企业排污绩效，科学、精准地安排采暖季重点工业企业限产限排，平衡好经济发展与环境保护之间的关系，重点区域环保达标的工业企业有望减少受错峰生产政策的影响。

（四）"绿色+智造"协同促进工业和通信业转型

《行动计划》明确到 2020 年底前要持续深入实施绿色制造与智能制造工程。在绿色制造工程方面，充分发挥示范带头作用，利用先进带动后进，建设"百、千、万"个绿色园区、工厂和产品，打造一批绿色供应链企业。在智能制造工程方面，推动进行基础共性和行业应用标准试验验证，培育一批智能制造系统解决方案供应商，加大重点行业智能制造推广力度。工业绿色发展将使得产业结构和生产方式向科技含量高、资源消耗低、环境污染少转型，加上智能制造的实施，将产生"绿色+智造"的协同效应。

我们应认识到，习近平生态文明思想对打好工业和通信业污染防治攻坚战具有很强的科学性、针对性和指导性。我们必须坚持以习近平生态文明思想为指导，谋划推动打好工业和通信业污染防治攻坚战的顶层政策和制度设计，鼓励和引导全社会都积极行动起来，打一场工业和通信业污染防治的人民战争。

第二节　新能源汽车动力蓄电池回收利用管理政策

一、新能源汽车动力蓄电池进入规模化退役期

随着新能源汽车产业的快速发展，我国已成为世界第一大新能源汽车产销国，动力蓄电池产销量也逐年攀升，动力蓄电池回收利用迫在眉睫，社会高度关注。2009—2012 年新能源汽车共推广 1.7 万辆，装配动力蓄电池约 1.2GWh。2013 年以后，新能源汽车大规模推广应用，截至 2017 年年底累计推广新能源汽车 180 多万辆，装配动力蓄电池约 86.9GWh。据行业专家从企业质保期限、电池循环寿命、车辆使用工况等方面综合测算，2018 年后新能源汽车动力蓄电池将进入规模化退役期，预计到 2020 年累计退役超过 20 万吨（24.6GWh），如果按 70%可用于梯次利用，大约有累计 6 万吨电池需要报废处理。据新材料在线等机构预测，2025 年动力蓄电池退役量接近 100GWh，孕育约 370 亿元市场空间。

动力蓄电池退役后，如果处置不当，随意丢弃，一方面会给社会带来环境

影响和安全隐患，另一方面也会造成资源浪费。动力蓄电池回收利用作为一个新兴领域，目前处于起步阶段，面临着一些突出的问题和困难。

一是回收利用体系尚未形成。目前绝大部分动力蓄电池尚未退役，汽车生产、电池生产、综合利用等企业之间未建立有效的合作机制。同时，在落实生产者责任延伸制度方面，还需要进一步细化完善相关法律支撑。

二是回收利用技术能力不足。目前企业技术储备不足，动力蓄电池生态设计、梯次利用、有价金属高效提取等关键共性技术和装备有待突破。退役动力蓄电池放电、存储及梯次利用产品等标准缺乏。

三是激励政策措施保障少。受技术和规模影响，目前市场上回收有价金属收益不高，经济性较差。相关财税激励政策不健全，市场化的回收利用机制尚未建立。

二、政策密集出台，回收利用管理体系基本建立

推动新能源汽车动力蓄电池回收利用，有利于保护环境和社会安全，推进资源循环利用，有利于促进我国新能源汽车产业健康持续发展，对于加快绿色发展、建设生态文明和美丽中国具有重要意义。党中央、国务院高度重视新能源汽车动力蓄电池回收利用，国务院召开专题会议进行研究部署。今年以来，工信部联合科技部、环境部、交通部、商务部等有关部委先后发布了《新能源汽车动力蓄电池回收利用管理暂行办法》《关于组织开展新能源汽车动力蓄电池回收利用试点工作的通知》《新能源汽车动力蓄电池回收利用溯源管理暂行规定》《关于做好新能源汽车动力蓄电池回收利用试点工作的通知》等政策文件，加强新能源汽车动力蓄电池回收利用管理，规范行业发展。

（一）《新能源汽车动力蓄电池回收利用管理暂行办法》解读

1. 主要内容

《新能源汽车动力蓄电池回收利用管理暂行办法》（以下简称《管理办法》）具体包括总则、设计生产及回收责任、综合利用、监督管理、附则 5 部分，31 条以及 1 个附录，内容主要体现在以下 6 个方面。

一是确立生产者责任延伸制度。汽车生产企业作为动力蓄电池回收的主体，应建立动力蓄电池回收服务网点并对外公布，通过售后服务机构、电池租赁企业等回收动力蓄电池，形成回收渠道，也可以与有关企业合作共建、共用回收渠道，提高回收率。汽车生产企业还应落实动力蓄电池回收利用相关信息发布等责任要求。同时，梯次利用企业作为梯次利用产品生产者，要承担其产

生的废旧动力蓄电池的回收责任,确保规范移交和处置。

二是开展动力蓄电池全生命周期管理。《管理办法》充分体现了产品全生命周期管理理念,针对动力蓄电池设计、生产、销售、使用、维修、报废、回收、利用等产业链上下游各环节,明确相关企业履行动力蓄电池回收利用相应责任,保障动力蓄电池的有效利用和环保处置,构建闭环管理体系。

三是建立动力蓄电池溯源信息系统。以电池编码为信息载体,构建"新能源汽车国家监测与动力蓄电池回收利用溯源综合管理平台",实现动力蓄电池来源可查、去向可追、节点可控、责任可究。对动力蓄电池回收利用全过程实施信息化管控,是《管理办法》的核心管理措施。《管理办法》对汽车生产、电池生产等企业明确提出溯源管理要求,各相关企业应及时上传相关信息。

四是推动市场机制和回收利用模式创新。《管理办法》重视发挥企业的主导作用,鼓励企业探索新型商业模式,如发起和设立产业基金以及研究动力蓄电池残值交易等,加快形成市场化机制,推动关键技术和装备的产业化应用。同时,支持开展动力蓄电池回收利用的科学技术研究,引导产学研协作,以市场化应用为导向,开展动力蓄电池回收利用模式创新。

五是实现资源综合利用效益最大化。为最大化利用退役动力蓄电池剩余价值,《管理办法》鼓励按照先梯次利用后再生利用原则,开展动力蓄电池的再利用。对具备梯次利用价值的,可用于储能、备能等领域;不具备梯次利用价值的,可再生利用提取有价金属。通过对动力蓄电池的多层次、多用途合理利用,提升综合利用水平与经济效益。同时,与已实施的《新能源汽车废旧动力蓄电池综合利用行业规范条件》等管理政策相衔接,推动产业规范化、规模化发展,实现环境效益、社会效益和经济效益有机统一。

六是明确监督管理措施。《管理办法》明确要求制定拆卸、包装运输等相关技术标准,构建标准体系,并建立梯次利用电池产品管理制度。同时,各有关管理部门要建立信息共享机制,形成合力,在各自职责范围内,通过责令企业限期整改、暂停企业强制性认证证书、公开企业履责信息、行业规范条件申报及公告管理等措施对企业实施监督管理。

2. 重点工作

一是建立回收利用体系。推动汽车生产企业加快建立废旧动力蓄电池回收渠道,公布回收服务网点信息,确保生产者责任延伸制度得到全面落实。引导汽车生产、电池生产、综合利用等企业加强合作,通过多种形式形成跨行业联合共同体,建立有效的市场化机制。充分发挥社会组织作用,目前已推动成立了回收利用产业联盟，积极鼓励创新商业模式。

二是实施溯源管理。对动力蓄电池进行统一编码，并开展全生命周期溯源管理，是废旧动力蓄电池回收利用管理的重要手段。已组织开发了"新能源汽车国家监测与动力蓄电池回收利用溯源综合管理平台"，将于近期启动运行，实施动力蓄电池生产、销售、使用、报废、回收、利用的全生命周期信息采集，做好各环节主体履行回收利用责任情况的在线监测，建立健全监管制度。

三是完善标准体系。在已发布动力蓄电池产品规格尺寸、编码规则、拆解规范、余能检测等 4 项国标基础上，加快动力蓄电池回收利用有关标准的研究和立项工作，推动发布一批梯次利用、电池拆卸、电池拆解指导手册编制规范等国标，并支持开展行业、地方和团体相关标准制定。

四是抓好试点示范。近期将发布新能源汽车动力蓄电池回收利用试点实施方案，启动试点示范，支持有条件的地方和企业先行先试，开展梯次利用重点领域示范。通过试点示范，发现问题，寻求解决方案。培育一批动力蓄电池回收利用标杆企业，探索形成技术经济性强、资源环境友好的多元化回收利用模式。积极推动中国铁塔公司开展动力蓄电池梯次利用试验，目前已在 12 个省市建设了 3000 多个试验基站，取得了较好效果。

五是营造发展环境。加强与已出台的新能源汽车等有关政策衔接，研究财税、科技、环保等支持政策，鼓励社会资本投资或设立产业基金，推动关键技术和装备的产业化应用

（二）《新能源汽车动力蓄电池回收利用溯源管理暂行规定》解读

1. 总体要求

按照《新能源汽车动力蓄电池回收利用管理暂行办法》要求，建立"新能源汽车国家监测与动力蓄电池回收利用溯源综合管理平台"（以下简称"溯源管理平台"），对动力蓄电池生产、销售、使用、报废、回收、利用等全过程进行信息采集，对各环节主体履行回收利用责任情况实施监测。

2. 实施时间

2018 年 8 月 1 日起，对新获得《道路机动车辆生产企业及产品公告》（以下简称《公告》）的新能源汽车产品和新取得强制性产品认证的进口新能源汽车实施溯源管理。对已生产和已进口但未纳入溯源管理的新能源汽车产品，在本规定施行 12 个月内将车辆生产信息（至少上传动力蓄电池编码）与车辆销售信

息补传至溯源管理平台。

对 2018 年 8 月 1 日前已获得《公告》的新能源汽车产品和取得强制性产品认证的进口新能源汽车,自本规定施行之日起,延后 12 个月实施溯源管理。如逾期仍需在维修等过程中使用未按国家标准编码动力蓄电池的,应提交说明。

3. 各责任主体企业的任务与监督管理

(1) 电池生产企业。申请厂商代码,动力蓄电池编码规则备案,对电池进行编码与标识,将电池编码信息报送整车企业。

(2) 汽车生产企业。采集电池生产、车辆生产(进口)、车辆销售、维修更换、电池回收、电池退役等环节的溯源信息并上传至溯源管理平台,报送并公布回收服务网点信息。

(3) 回收拆解企业。上传车辆报废信息,上传电池移交信息。

(4) 梯次利用企业。申请厂商代码,梯次利用电池编码规则备案,对梯次利用电池产品编码与标识,上传梯次利用产品生产、出库信息,上传电池报废信息。

(5) 再生利用企业。上传电池接收信息,上传电池再生利用信息。

4. 监督管理

(1) 企业溯源履责要求。汽车生产、电池生产、报废汽车回收拆解及综合利用企业应建立内部管理制度,加强溯源管理,确保溯源信息准确真实。

(2) 地方监督管理要求。省级工业和信息化主管部门会同同级有关部门对本地区相关企业溯源责任履行情况进行监督检查。

(三)《关于做好新能源汽车动力蓄电池回收利用试点工作的通知》解读

根据《关于组织开展新能源汽车动力蓄电池回收利用试点工作的通知》要求,工业和信息化部等七部委经研究评议,发布《关于做好新能源汽车动力蓄电池回收利用试点工作的通知》(以下简称《通知》),确定京津冀地区、山西省、上海市、江苏省、浙江省、安徽省、江西省、河南省、湖北省、湖南省、广东省、广西壮族自治区、四川省、甘肃省、青海省、宁波市、厦门市及中国铁塔股份有限公司为试点地区和企业。《通知》强调各试点地区要与周边地区建立联动机制,统筹推进回收利用体系建设,积极探索创新商业模式,加大政策支持力度,抓好项目建设,开展试点评估,总结推广试点经验。

热 点 篇

第十六章

绿色园区

全面推行绿色制造体系是我国制造业践行生态文明建设的重要内容，也是我国建设生态文明的必由之路。绿色园区是绿色制造体系的重要组成部分。工业和信息化部作为我国工业的主管部门，为贯彻落实中国制造强国战略和《绿色制造工程实施指南（2016—2020 年）》，于 2016 年发布《工业和信息化部办公厅关于开展绿色制造体系建设的通知》（工信厅节函〔2016〕586 号），该文件明确提出了建设绿色制造体系的总体思路、建设原则、建设目标、建设内容、程序安排、保障措施等内容。提出要"牢固树立创新、协调、绿色、开放、共享的发展理念，落实供给侧结构性改革要求，以促进全产业链和产品全生命周期绿色发展为目的，以企业为建设主体，以公开透明的第三方评价机制和标准体系为基础，保障绿色制造体系建设的规范和统一，以绿色工厂、绿色产品、绿色园区、绿色供应链为绿色制造体系的主要内容"，将绿色园区作为全面建设绿色制造体系的四大建设内容之一，并提出到 2020 年，建设百家绿色园区的目标。

一、绿色园区的内涵

产业园区，特别是工业园区的转型发展，一直是我国调整经济结构、转变发展方式的重点。与工业园区转型发展有关的政策主要有四个，涉及四个相关概念，分别为生态工业园区、园区循环化改造、低碳工业园区与绿色园区，四个概念处于我国经济发展的不同阶段，有各自的侧重点，都是为了解决当时最突出的资源环境问题。如生态工业园区提出的主要是针对当时突出的环境污染问题，园区循环化改造是提高资源效率的有效途径，低碳工业园区重点在能源战略的调整，三者虽然各有侧重，但本质上是趋同的，都是为了形成节约资源能源和保护生态环境的产业结构、生产方式和消费模式，促进生态文明建设。绿色园区是在中国制造强国战略要求全面推动绿色制造的背景下提出的，绿色的概念更为宽泛，它涵盖生态工业园区、园区循环化改造以及低碳工业园区的核心内容，是发展的全面要求和转型主线，生态园区建设、循环发展、低碳发展是实践绿色发展的重要路径和形式。

二、绿色园区创建思路及进展

创建绿色园区示范单位，建议按照以下思路推进：全面贯彻十八大和十八届三中、四中、五中全会精神，落实中国制造强国战略，强化绿色发展理念，坚持标准引领、市场驱动的原则，开展绿色园区创建工作。

首先，理清绿色园区评价要求。认真研究和领会《工业和信息化部办公厅关于开展绿色制造体系建设的通知》(工信厅节函〔2016〕586号)，搞清楚建设绿色制造体系的总体思路、建设原则、建设目标、建设内容、程序安排等内容。认真研究学习绿色园区评价要求，搞清楚创建绿色园区的基本要求、考核绿色园区建设水平的评价指标体系以及评价方法。这是发挥标准体系在绿色园区创建中发挥引领作用的前提，也是园区确定绿色发展方向和重点的最有效方法。

第二，检验园区是否符合绿色园区创建的基本要求。创建绿色园区的第一步就是必须符合6条必选的基本要求符合性指标，缺一不可。这是成功创办与申报绿色园区示范单位的前置条件。如有没有达到的选项，应立即采取行动，开展相关工作，直至达到要求。

第三，初步检验园区绿色化发展水平，查找存在的问题与不足。应对照绿色园区创建水平评价指标体系对园区绿色化建设水平进行初评，以便于找出哪些指标完成情况较好，找出哪些指标完成情况较差、与引领值差距较大，在创建过程中，着重加强、提升完成情况较差的指标，围绕这些指标开展重点工作。

第四，待园区绿色化发展水平得分较高，关键指标都达标后，按照申报文件要求，准备申报材料，逐步走完申报流程。

截至目前，工业和信息化部已经组织申报了4批绿色园区示范，共118家单位入选。其中，2017年两批，2018年一批，2019年一批。

三、创建绿色园区的重点任务

工业园区要达到绿色园区评价要求，主要有以下几项重点任务。

（一）推动产业绿色化发展

园区应依托现有工业基础优势，推动主导产业绿色化改造，特别是重化工业绿色化改造。一般以产业技术升级或者节能减排技术改造为主导。纵向延伸主导产业链，提升下游高附加值产品比重，也是主导产业绿色化改造的重要方向，特别适合化工、能源等产业。

鼓励支持高新技术产业与绿色产业发展。属于调整优化园区产业结构范畴，在绿色园区创建过程中，要特别注意加大高新技术产业与绿色产业发展力度。节能环保产业、新能源产业是不错的选择。

大力推进生产性服务业发展。生产性服务业虽然一般不属于主导产业链范畴，但其在产业经济发展中的作用越来越大。发达的生产性服务业是绿色园区的一个重要标志。主要包括物流、金融服务、科技创新、培训服务、会展服务、信息服务等类别。

淘汰落后产能。根据国家产业政策，对园区各类行业实行分类管理，严格限制不符合国家产业政策和园区发展定位的规模小、技术水平低、效益低和污染较为严重的产业，加大对落后生产设备、工艺的淘汰力度。

（二）推动能源绿色低碳发展

控制园区煤炭消费总量，推广使用太阳能等绿色能源，促进能源供给多元化。增加可再生能源和清洁能源使用比例。例如开发利用太阳能、风能、生物质能等非化石能源，加大天然气、液化石油气等清洁能源使用量。

推进园区高能耗企业绿色低碳技术改造。园区企业积极开展生产过程全流程绿色低碳设计和清洁生产审核工作，从源头优化调整生产工艺，提高能源资源利用效率和降低碳排放水平。推行热电联产、余热余能综合利用，实现园区内企业能量优化及梯级利用。推动重点节能技术、设备和产品的推广应用，实施电机、变压器、锅炉等能效提升计划，提升终端用能设备能效水平。

选择在分布式可再生能源渗透率较高或具备多能互补条件的园区，因地制宜开展分布式绿色智能微电网建设。

加强重点用能企业管理，开展对标达标、能源审计、能源管理师培训。健全节能市场化机制,加快推行合同能源管理、能效"领跑者"制度和电力需求侧管理。

加强企业能源管理体系认证和低碳产品认证。全面开展能源管理体系认证和低碳产品认证工作。通过能源管理体系认证和低碳产品认证工作的开展,使园区内企业增强节能意识,提高能源管理水平,在节约用水、节约用电、节约用煤方面均得到改善提升,推动园区企业长效节能机制的构建。

(三)促进资源循环利用

探索建立生产者责任延伸实施模式,鼓励互联网企业积极参与园区废弃物信息平台建设,建立完善园区内各类工业资源回收利用体系。加大先进适用资源综合利用技术的应用和推广力度,提高大宗工业固体废物、废旧金属、废弃电器电子产品、废旧高分子材料等资源的利用能力;以内燃机、机床、电机、工程机械等机电产品为重点,大力发展再制造产业,提升园区生产、生活中再制造产品应用水平。

(四)实施基础设施绿色改造

制定和实施工业园区绿色基础设施的标准,加强工业园区改造和新建园区基础设施规划设计。多渠道筹措建设资金,对工业园区内建筑、运输、供水、能源、照明、通信、安全生产和环保等基础设施进行绿色化、智能化改造,大力发展与园区绿色发展相配套的生产性服务业,通过提升园区信息化水平,促进各类基础设施的共建共享、集成优化,降低基础设施建设和运行成本,提高运行效率,使工业园区生态环境优美。

(五)强化园区规划布局

根据物质流和产业关联性,对园区进行总体设计或布局优化,推进土地资源节约利用,促进本地及周边地区产业集聚发展。对现有工业园区,优化园区内的产业、企业和基础设施的空间布局,推进产业集聚和耦合链接。对新建工业园区,充分考虑当地资源禀赋和生态环境容量,科学制定园区发展规划,合理选择入园企业,构建合理的产业和产品链网,实现园区工业结构最优组合。

(六)加强生态环境保护与改善

深入实施主要污染物总量减排。园区每年制订年度减排计划,并与重点减排企业签订了责任状，积极配合上级部门对园区企业减排指标完成情况和减排工程进度进行了专项督察，严格落实减排责任。加大环保治理和技改资金投入，全面加强水、大气污染防治工作。

不断强化重点领域污染防治和环境监管。深入开展重金属、危险废物等重点领域污染防治，园区涉重金属污染和危险废物产生的企业建立完整的污染防治资料档案，并办理危险废物转移联单。为进一步防范重点领域突出环境问题，园区环保局应联合发展、安监等部门制定环保专项行动实施方案，全面开展突出环境问题的专项整治。

全面加强环保能力建设和宣传力度。不断强化环保机构人才队伍建设，通过积极参加各级新《环保法》、监察岗位、环境统计等培训，在全体干部职工中开展各类环保讲座等，提高环保干部的业务水平，保证环境执法的规范化和制度化。不断加大环保宣传力度，通过广告宣传车、展板、设立环保咨询台和送环保咨询服务到社区等宣传形式，以《新环境保护法》《大气十条》《水十条》和《土十条》为重点，广泛宣传环保法律法规知识，提高群众的环保意识。

（七）建立与完善园区运行管理体系

规划先行。重视发展规划的引领作用，结合园区循环化改造与低碳园区试点建设的经验与基础，编制园区绿色发展规划，明确园区绿色发展的目标、重点方向及任务。

建设环境长效管理机制。成立专门的园区环境管理部门，制定环境管理机制。发动企业、商户和所有居民以多种形式积极参与环境治理。实行园区企业节能减排领导包点联系制度，对园区企业实行24小时监控，督促重点企业进行环保技术改造。

完善园区信息平台建设。创建园区门户网站，定期在园区管委会网站或其他相关网站上发布园区绿色化发展的有关信息，宣传园区主导产业在原材料选择、节水、节能、环保等方面的信息。发布园区绿色建筑物建设情况、废物资源化利用情况、绿色交通建设情况。

第十七章

绿色工厂

一、绿色工厂的内涵

(一)绿色工厂提出的背景和定义

经过多年发展,我国工业总体实力显著增强,已成为具有重要影响力的工业大国。但与世界先进水平相比,制造业仍然大而不强,资源环境问题是制约我国向工业强国发展的重要因素之一[1]。在绿色发展的国际大趋势下,制造业需把握好当今时代科技革命和产业变革的大方向,推行绿色制造,推进供给侧结构性改革,加快制造业绿色转型发展,促进工业平稳增长,打造制造业国际竞争新优势。创建绿色工厂作为构建绿色制造体系的关键一环,是实施绿色制造工程的重点任务,也是促进工业各行业结构优化、提质增效的重要途径[2]。

2015年5月,中国制造强国战略首次正式提出绿色工厂的概念,明确要求"建设绿色工厂,实现厂房集约化、原料无害化、生产洁净化、废物资源化、能源低碳化"。绿色工厂,是指全生命周期中环境负面影响小,资源利用率高,实现经济效益和社会效益的优化。绿色工厂是制造业的生产单元,是绿色制造的实施主体,属于绿色制造体系的核心支撑单元,侧重于生产过程的绿色化。加快建设具备用地集约化、生产洁净化、废物资源化、能源低碳化等特点的绿色工厂,对解决制造业环境污染,由点及面引领行业和区域绿色转型,进一步构建高质量绿色制造体系具有重要意义。

---

[1] 国家制造强国建设战略咨询委员会:《绿色制造》,电子工业出版社2016年版。
[2] 李敏等:《绿色制造体系创建及评价指南》,电子工业出版社2018年版,第1页。

制造工厂的生产活动均可归结为在一定的基础设施之上，依据工厂的管理体系要求将能源与资源投入生产制造，输出产品，并造成一定的环境排放的过程，整个过程最终产生总体绩效。绿色工厂应在保证产品功能、质量以及制造过程中员工职业健康安全的前提下，引入生命周期思想，满足基础设施、管理体系、能源资源投入、产品、环境排放、绩效的综合评价要求①（见图17-1）。

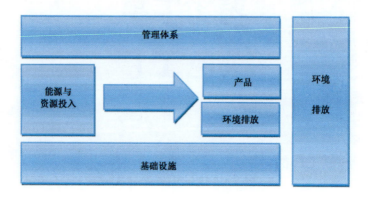

图17-1 绿色工厂建设框架

（资料来源：《工业和信息化部办公厅关于开展绿色制造体系建设的通知》
（工信厅节函〔2016〕586号）附件1《绿色工厂评价要求》）

（二）绿色工厂创建的工作要求

1. 建设目标和主要内容

《工业绿色发展规划（2016—2020年）》提出，到2020年，建设千家绿色工厂的目标。优先在钢铁、有色金属、化工、建材、机械、汽车、轻工、食品、纺织、医药、电子信息等重点行业选择一批工作基础好、代表性强的企业开展绿色工厂创建，通过采用绿色建筑技术建设改造厂房，预留可再生能源应用场所和设计负荷，合理布局厂区内能量流、物质流路径，推广绿色设计和绿色采购，开发生产绿色产品，采用先进适用的清洁生产工艺技术和高效末端治理装备，淘汰落后设备，建立资源回收循环利用机制，推动用能结构优化，实现工厂的绿色发展。

---

① 《关于开展绿色制造体系建设的通知（工信厅节函〔2016〕586号）》，附件1绿色工厂评价要求，第1页。

2. 工作程序

绿色工厂的创建采用"两评两审"的形式,具体工作程序如下:一是满足申请条件的企业按照绿色工厂评价标准开展创建工作,并进行自我评价。二是企业达到绿色工厂标准时,委托第三方评价机构(由工业和信息化部在符合资质要求的评价机构中遴选发布,目前,已发布两批共 110 家工业节能与绿色发展评价中心名单)按照评价要求进行现场评价,评价合格的可按所在地区绿色制造体系建设的相关要求和程序,向省级主管部门提交第三方评价报告和自评价报告。三是省级主管部门负责组织评估报送的企业,按照绿色工厂评价标准和省级主管部门制定的绿色制造体系实施方案中的具体要求,向工信部遴选推荐评估合格、在本地区具有代表性的绿色工厂名单。四是工信部负责组织专家评审、公示、现场抽查等环节确定绿色工厂名单。

3. 绿色工厂标准

绿色工厂首先应满足一定的基本要求,包括其基础合规性与相关要求、对最高管理者及工厂的基础管理职责要求等。在此基础上,绿色工厂的建设与评价从工厂基础设施、管理体系、能源与资源投入、产品、环境排放、总体绩效等六个维度提出全面系统的要求,包括 6 个一级指标和 25 个二级指标。其中,基础设施、管理体系、能源与资源投入、产品、环境排放包含了绿色工厂创建过程特征的一系列定性或定量指标,其结果是绿色工厂可持续满足要求的保障[1]。绩效是表征创建绿色工厂期间所达成效果的一系列定量指标,按照上述绿色工厂创建原则和目标,以用地集约化、原料无害化、生产洁净化、废物资源化、能源低碳化的可量化特征指标来表示(见表 17-1)。

表 17-1　绿色工厂评价指标

一级指标	二级指标	具体内容
基础设施	建筑	使用绿色建材、危废间独立设置、绿色建筑结构、室外绿化、可再生能源利用、建筑节能、节水等
	照明	照明分级设计、自然光照明、使用节能灯、分区照明、定时自动调光、感应灯
	设备设施	淘汰落后设备、使用高效节能设备、设备及系统经济运行、使用计量器具并分类计量、投入环保设备

---

[1] 杨檬、刘哲:《绿色工厂评价方法》,《绿色制造标准化专题》2017 年 1-2 期。

续表

一级指标	二级指标	具体内容
管理要求	一般要求	工厂建立、实施并保持满足 GB/T 19001 的要求的质量管理体系和满足 GB/T 28001 要求的职业健康安全管理体系（必选），并通过第三方认证（可选）
	环境管理体系	工厂建立、实施并保持满足 GB/T 24001 要求的环境管理体系（必选），并通过第三方认证（可选）
	能源管理体系	工厂建立、实施并保持满足 GB/T 23331 要求的能源管理体系（必选），并通过第三方认证（可选）
	社会责任	每年公开发布社会责任报告，说明履行利益相关方责任的情况，特别是环境社会责任的履行情况
能源资源投入	能源投入	优化用能结构（化石能源、余热余压、新能源、可再生能源）、建设能源管理中心、建有厂区光伏电站、智能微电网
	资源投入	节水、节材、减少有毒有害物质使用、使用可回收材料、减少温室气体的使用
	采购	建立实施绿色采购制度、开展供方绿色评价、采购产品绿色验收
产品	生态设计	引入生态设计的理念、开展产品生态设计、生态设计产品评价
	有害物质使用	有毒有害物质减量化和替代
	节能	终端用能产品高能效（不适用）
	减碳	碳核查、对外公布、改善、低碳产品
	可回收利用	按照 GB/T 20862 计算产品可回收利用率、改善
环境排放	大气污染物	应符合相关国家标准、行业标准及地方标准要求。其中，大气和水体污染物应同时满足区域内排放总量控制要求
	水体污染物	
	固体废弃物	
	噪声	
	温室气体	采用 GB/T 32150 或适用的标准或规范对其厂界范围内的温室气体排放进行核算和报告（必选）。获得温室气体排放量第三方核查声明，对外公布、利用核算或核查结果对其温室气体的排放进行改善（可选）
绩效	用地集约化	容积率、建筑面积、单位用地面积产值（或单位用地面积产能）
	原料无害化	主要物料的绿色物料使用率
	生产洁净化	单位产品主要污染物产生量、单位产品废气产生量、单位产品废水产生量
	废物资源化	单位产品主要原材料消耗量、工业固体废物综合利用率、废水处理回用率
	能源低碳化	单位产品综合能耗、单位产品碳排放量

资料来源：《关于开展绿色制造体系建设的通知（工信厅节函〔2016〕586 号）》，附件 1 绿色工厂评价要求。

二、发展现状和存在的问题

（一）绿色工厂创建成效

"十三五"以来，我国全面推动绿色制造体系建设，形成了一批行业的绿色制造示范企业。发布了三批共 800 家绿色工厂名单，其中，钢铁、有色金属、石化、建材、纺织、轻工、机械等重点行业共创建绿色工厂 628 家，约占全国 800 家的 80%，初步形成以点带面推动行业绿色转型升级的局面（见表17-2）。如钢铁行业在绿色工厂示范带动作用下，企业纷纷主动加大绿色投入，开展了新一轮的节能环保提标改造，通过厂区扬尘治理、料场规范减少无组织排放，大力种植绿化植被提高厂区绿化覆盖率，通过一系列措施加强内部管理，保证了绿色化指标持续改善，钢铁企业的绿色绩效水平明显提升。

表 17-2　2016—2018 年重点行业绿色工厂创建情况

序号	行业	绿色工厂数量
1	钢铁行业	44
2	有色金属行业	49
3	石化行业	104
4	建材行业	78
5	纺织行业	38
6	轻工行业	185
7	机械行业	130

数据来源：赛迪智库根据公开资料整理。

各地区结合实际出台工业绿色发展行动方案（见图 17-2）。为配合国家在绿色制造体系建设方面的政策，全国各省市结合实际制定了地区的绿色制造相关政策。江苏、安徽、山东、河南、湖南、新疆等省（自治区）积极组织开展省级绿色制造示范工作，对列入绿色制造示范名单的企业和园区给予财政资金奖励。例如，安徽省发布《安徽省绿色制造体系建设实施方案》《安徽省绿色工厂建设评价和管理方法》等文件，大力推进绿色制造，对获得国家级绿色工厂、绿色产品的企业分别给予一次性奖励 100 万元、50 万元；河南省财政厅印发《河南省支持转型发展攻坚战若干财政政策》，提出"对创建成为绿色示范工厂、绿色工业园区的一次性给予 200 万元奖励"的财政政策；湖南省发布《湖南省绿色制造工程专项行动方案（2016—2020 年）》和《湖南省绿色制造体系建设实施方案》，利用工业转型升级专项支持奖金对获得国家级绿色工厂、绿色产品、绿色园区和绿色供应链管理的企业，一次性给予 50 万元奖金奖励。

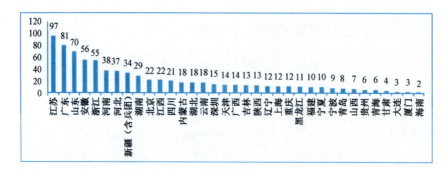

图 17-2　2016—2018 年绿色工厂名单按地区分布情况

（数据来源：赛迪智库根据公开资料整理）

（二）存在的问题

1. 绿色制造理念有待进一步深化

企业对绿色制造的理念和内涵理解不够深刻，在具体工作中，部分企业将创建绿色工厂的任务简单地按照原有的节能、环保、安全生产等工作分工，没有从产品全生命周期的高度统筹谋划。

2. 绿色技术创新能力有待提升

绿色技术和工艺是创建绿色工厂的关键。目前，绿色制造技术研发多为单个环节的节能减排技术，系统化、平台化技术创新较少，关键核心绿色技术向产业、区域绿色转型的渗透、融合不足，科技创新在工业绿色发展中的引领作用尚未凸显。我国工业领域重末端治理、轻源头预防的发展理念尚未得到根本扭转，绿色设计、清洁生产等方面科技开发投入较少，科技成果转化率不高，难以适应新时代推进绿色发展的目标要求。

3. 标准体系和数据库建设有待完善

近年来，工业节能与绿色标准化工作取得了较大进展，但仍存在标准覆盖面不够、更新不及时、制定与实施脱节、实施机制不完善等问题。以绿色工厂相关标准为例，目前，我国已发布《GBT36132—2018 绿色工厂评价通则》国家标准，同时各行业积极开展绿色工厂标准研究制定工作。石化行业构建了从产品设计、制造到废弃处理处置的全生命周期的绿色产业技术标准体系框架，明确了建设和发展目标,并分层次开展了绿色产品、绿色工厂、绿色园区国标、行标、团标的制定;建材行业完成了玻璃、建筑陶瓷、水泥、卫生陶瓷四项行业标准制定工作。行业绿色工厂标准制定工作仍处于起步阶段,尚未形成国家标准和行业标准互为补充的标准体系,有待进一步完善。

绿色制造数据库建设有待深入开展。企业除自身的生产数据外,难以掌握行业绿色生产基础数据库、产品全生命周期生态影响基础数据库、绿色产品可追溯信息数据等,制约了企业从全生命周期评估产品对环境的影响。数据标准和采集方法仍需细化,企业生产数据与数据库公共服务平台对接的软件系统开发滞后。

三、对策与建议

一是深入开展绿色制造相关宣传,广泛利用主流媒体、网络平台对绿色制造典型企业和模式进行专题报告,充分发挥标杆企业的引领示范作用。依托绿色工厂推进联盟加强绿色工厂宣传推广,促进更多企业实施绿色化改造。进一步完善市场化评价机制,充分发挥第三方评价机构在绿色工厂创建过程中的作用,传播先进的绿色制造理念。

二是完善绿色科技创新体系。强化顶层设计,加大对支撑工业绿色发展共性技术研发的支持力度,推进绿色产品设计技术、清洁生产技术、末端治理技术等不同类型的绿色技术创新体系协调发展,促进企业、产业和区域等不同层次的绿色技术创新子系统有效运行。加强创新主体培育,支持企业加大对绿色技术创新投入、专利申请和成果转化应用,支持高校、科研院所与企业采取联合开发和利益共享、风险共担的模式,攻克一批新兴绿色产业的基础技术、前沿技术和关键共性技术,加快成果转化和工程示范[①]。探索建立市场导向的绿色技术"产学研用"协同创新机制,构建"绿色技术研发、科技成果转化、绿色金融"创新链平台,完善绿色技术创新保障体系。

三是进一步提升绿色制造公共服务能力。继续实施《工业节能与绿色发展标准化行动计划(2017—2019年)》,加快重点行业绿色工厂标准制定发布,构建工厂标准体系。积极开展绿色制造公共服务提升相关研究,加快健全第三方评价机制和配套评价标准,积极发挥绿色制造公共服务平台的作用,建立绿色制造相关数据库,创新方式引导典型企业发布绿色发展报告。

---

① 徐烁然、易明:《新知新觉:构建市场导向的绿色技术创新体系》,人民网-人民日报,2018年8月2日。

第十八章

绿色供应链

绿色供应链是在供应链中综合考虑环境影响和资源配置效率的现代管理模式，是传统供应链理念的升华，最早由美国密歇根州立大学制造研究协会（MRC）于1996年提出。MRC将绿色供应链定义为"以绿色制造理论和供应链管理技术为基础，涉及供应商、生产商、销售商和消费者，其目的是使产品从物料获取、加工、包装、运输、使用到报废处理的整个过程中，对环境影响最小、资源效率最高"。可见，绿色供应链包括绿色设计、绿色制造、绿色物流、绿色营销、绿色回收等诸多环节。

一、绿色供应链试点蓬勃开展

我国绿色供应链试点最早从城市开始，天津、上海、深圳、东莞是首批进行绿色供应链试点的城市。继试点城市后，工业领域率先开展了绿色制造体系建设，以包括绿色供应链在内的"四绿"构成绿色制造体系建设的主要内容。2018年开始，试点范围进一步扩大，试点企业从第二产业开始向农业、商贸等第一、第三产业扩展，试点城市数量迅速上升。

（一）绿色供应链示范企业首先从工业领域开始

2016年9月，工信部发布了《关于开展绿色制造体系建设的通知》（简称"586号文"），掀开了工业领域绿色供应链建设的帷幕。2017—2018年，工信部共组织开展了三批绿色供应链管理示范企业申报评审工作，共有40家企业成为国家级绿色供应链管理示范企业。示范工作的主要思路就是发挥核心龙头企业的引领带动作用。通过核心龙头企业提升绿色发展意识，确立可持续的绿色供应链管理战略，实施伙伴式供应商管理，强化绿色生产，建设绿色回收体系，搭建供应链信息管理平台，推动上下游企业共同提升资源利用效率，改善环境绩效，达到资源利用高效化、环境影响最小化、链上企业绿色化的目标。40家企业涵盖汽车、电子电器、通信、大型成套装备、机械、纺织服装、航空航天、建材等行业，分布在内蒙古、上海、江苏、浙江等17个省市自治区。图18-1是40家国家级绿色供应链管理示范企业的分布图。

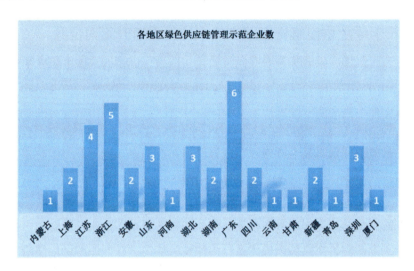

图18-1　国家级绿色供应链管理示范企业数分布示意图

此外，从2016年开始，财政部、工信部共同开展了绿色制造系统集成工作。2016—2018年，重点解决机械、电子、食品、纺织、化工、家电等行业绿色设计能力不强、工艺流程绿色化覆盖度不高、上下游协作不充分等问题，支持企业组成联合体实施覆盖全部工艺流程和供需环节系统集成改造。三项重点任务其中之一就是绿色供应链系统构建，支持企业与供应商、物流商、销售商、终端用户等组成联合体，围绕采购、生产、销售、物流、使用等重点环节，制定一批绿色供应链标准，应用模块化、集成化、智能化的绿色产品和装备，联合体企业共同应用全生命周期资源环境数据收集、分析及评价系统，建设上下游企业间信息共享、传递及披露平台等，形成典型行业绿色供应链管理模式和实施路径。截至2018年，共支持了三批30个绿色供应链系统集成项目。

（二）全国范围内开展了企业供应链创新试点

继"586号文"绿色制造体系提出的绿色供应链管理示范企业创建工作后，2018年4月，商务部、工信部、生态环境部等8部门开展了供应链创新与应用试点，试点包括城市试点和企业试点，试点实施期为 2 年。试点企业的主要任务是应用现代信息技术，创新供应链技术和模式，构建和优化产业协同平台，提升产业集成和协同水平，带动上下游企业形成完整高效、节能环保的产业供应链，推动企业降本增效、绿色发展和产业转型升级。共有 266 家企业进入试点名单，覆盖贸工农等实体产业中的 50 多个细分行业。

（三）绿色供应链试点城市从个位数迅速升至两位数

2018 年以前，全国仅有四个绿色供应链试点城市，分别是天津、上海、深圳和东莞，其中天津和上海是国合会（中国环境与发展国际合作委员会）绿色供应链政策示范的两个试点城市，天津也是首个亚太经合组织绿色供应链合作网络示范中心。2018 年，商务部、工业和信息化部、生态环境部、农业农村部、人民银行、市场监管总局、银保监会、中国物流与采购联合会联合印发《商务部等 8 部门关于开展供应链创新与应用试点的通知》（商建函〔2018〕142号），决定在全国范围内开展供应链创新与应用城市试点和企业试点。试点城市的主要任务是出台支持供应链创新发展的政策措施，优化公共服务，营造良好环境，推动完善产业供应链体系，并探索跨部门、跨区域的供应链治理新模式，试点期 2 年。55 个城市成为全国供应链创新与应用试点城市。

二、逐步建立了绿色供应链标准、评价体系和服务平台

按照标准引领、市场推动、公共服务平台支撑的思路，不断建立完善绿色供应链标准、评价体系和公共服务平台，推动企业提升绿色供应链管理水平。

（一）发布了首个制造企业绿色供应链管理国家标准

2017 年 6 月，国标委正式发布了国家标准《绿色制造—制造企业绿色供应链管理—导则》（GB/T33635—2017），这是我国首次制定并发布绿色供应链相关标准。标准规定了制造企业绿色供应链管理范围和总体要求，明确了制造企业产品设计、材料选用、生产、采购、回收利用、废弃物无害化处置等全生命周期过程及供应链上下游供应商、物流商、回收利用等企业有关产品/物料的绿色性管理要求。标准制定的目的就是引导制造企业将绿色制造、产品生命周期和生产者责任延伸理念融入供应链管理体系，识别产品及其生命周期各个阶段的绿色属性，协同供应链上供应商、物流商、销售商、用户、回收商等各主体，对产品/物料的绿色属性进行有效管理，减少产品/物料及其制造、运输、储存及使用等过程的资源（包括能源）消耗、环境污染和对人体的健康危害，

促进资源的回收和循环利用,构建以资源节约、环境友好为导向的绿色供应链体系,实现企业绿色制造和可持续发展。

(二)发布了四个企业绿色供应链管理评价文件

2016 年"586 号文"发布了《绿色供应链管理评价要求》,作为企业和第三方机构进行绿色供应链管理自评价和第三方评价的重要准则。《绿色供应链管理评价要求》是一个通用性的评价指南,体现了企业绿色供应链管理的共性要求,没有触及各具体行业绿色供应链的特点。随着绿色供应链管理示范企业的行业覆盖范围从第一、第二批的汽车、电子电器、通信、大型成套装备机械进一步向纺织服装、航空航天、建材等行业扩展,有必要对各行业的绿色供应链特点进行研究,在此基础上编制更加细化深入的符合各行业特点的绿色供应链管理评价实施细则。2019 年 1 月,《电子电器行业绿色供应链管理企业评价指标体系》《汽车行业绿色供应链管理企业评价指标体系》和《机械行业绿色供应链管理企业评价指标体系》正式发布。电子电器、汽车、机械这三个行业的评价工作已经经历了三批,绿色供应链建设开展较早,企业管理的国际化程度和规范化程度相对更高,企业的管理实践也更加丰富,因此率先制定以上三个行业的绿色供应链管理企业评价指标体系。

三个分行业制定的评价指标体系有一个共同特点,就是根据评价指标体系的得分结果,将企业绿色供应链管理水平分成五个等级,即从"一星级"到"五星级",按照五个星级思路,对企业绿色供应链管理进行动态分级管理。

(三)成立了中国绿色供应链联盟

2018 年 10 月,中国绿色供应链联盟在北京成立。联盟是由相关企业、高校、科研院所、金融机构及行业协会组织成立的非营利性合作组织。联盟成立以来,召开了两次理事会会议。截至 2019 年 1 月,联盟成员单位共有 152 家。联盟旨在凝聚各方力量,整合资源、加强协作,积极开展绿色供应链管理和技术创新、绿色供应链标准化研究、绿色供应链评价与服务,促进国际交流与合作,探索绿色供应链投融资模式,推动我国绿色供应链管理更上一层楼。

第十九章

绿色产品

中国制造强国战略明确提出，引导绿色生产和绿色消费，支持企业推行绿色设计，开发绿色产品。为深入贯彻落实中国制造强国战略，工业和信息化部发布了《工业绿色发展规划（2016—2020年）》《绿色制造工程实施指南（2016—2020年）》，全方位、多层次地提出了我国绿色设计政策体系的建设任务，其中包括健全绿色产品标准体系、开展绿色评价、到2020年开发推广万种绿色产品等目标任务。

一、推广绿色产品具有重要意义

一是推广绿色产品是促进工业绿色转型升级的重要抓手。工业领域是提供绿色设计产品的最重要领域，推广设计绿色产品，拉动消费，培育形成供需两旺的绿色设计产品市场，可以倒逼生产企业不断改进技术工艺水平，提高资源能源利用效率，减少污染物排放，从而推动生产领域绿色转型升级，最终实现绿色化发展。绿色设计产品作为产业链的下游，具有显著的下游效应，产品的绿色化，可以成几何级数地促进上游生产领域和资源开采领域减少资源投入和消耗。

二是推广绿色产品是促进绿色消费方式形成的基础。党的十九大提出，要尽快形成绿色发展方式和生活方式。要落实这一部署，首先需要有丰富的绿色产品供给，绿色产品就是实现绿色消费模式的物质基础和载体。同时在推广绿色设计产品时，会伴随多种多样的绿色产品、绿色消费理念宣传活动，通过大力宣传教育，可以引导人们树立勤俭节约的消费观。

三是有助于突破国际贸易绿色壁垒。国际贸易绿色壁垒对我国企业来讲，是挑战也是机遇。通过推广绿色产品，不断提高我国绿色产品的比重，提升产品绿色属性和品质，是突破绿色贸易壁垒最有效的途径。

二、绿色设计产品的标准体系不断完善

"十三五"时期，我国绿色制造标准体系建设深入推进。2016年，工业和信息化部、国家标准化管理委员会联合发布了《绿色制造标准体系建设指南》，其中明确提出了未来我国建立绿色制造标准体系的思路、目标和任务，绿色设计产品领域的标准是重点内容之一。2017年，工业和信息化部发布了《工业节能与绿色标准化行动计划（2017—2019年）》，提出培育一批标准化支撑机构，鼓励社会组织和产业技术联盟协调相关市场主体共同制定满足市场和创新需要的标准。在此基础上，工业和信息化部成立了绿色设计产品标准制定工作组，由各分行业的国家级行业协会联合会牵头，相关标准支撑机构参与（共计19家标准化部委托机构，包括中国石油和化学工业联合会、中国石油化工集团公司、中国钢铁工业协会、中国有色金属工业协会、中国黄金协会、中国建筑材料联合会、全国稀土标准化技术委员会、中国机械工业联合会、全国汽车标准化技术委员会、中国船舶工业综合技术经济研究院、中国航空综合技术研究所、中国轻工业联合会、中国纺织工业联合会、中国包装联合会、中国航天标准化与产品保证研究院、中国兵器工业标准化研究院、核工业标准化研究所、工业和信息化部电子工业标准化研究院、中国通信标准化协会），共同研究制定绿色设计产品标准制修订计划，并建立了标准采信机制，不定期更新绿色设计产品标准清单。截至目前，工业和信息化部共公布了《绿色设计产品评价技术规范—房间空气调节器》《绿色设计产品评价技术规范—家用洗衣机》、《绿色设计产品评价技术规范—家用电冰箱》等59项产品的绿色设计标准，包括5项国家推荐标准，54项具体产品团体标准。

三、开展绿色设计产品评价

针对已有绿色设计产品标准的产品，企业可采用自我声明的方式开展绿色设计产品评价。目前，工业和信息化部于2017年8月、2018年2月、2018年11月发布了三批共726种绿色（生态）设计产品名单。产品类别主要包括家用洗涤剂、电动洗衣机、家用电冰箱、吸油烟机、空气净化器、纯净水处理器等共计33大类。第一批共193种产品，范围涵盖家用洗涤剂（58种）、可降解塑料（11种）、杀虫剂（1种）、房间空气调节器（10种）、家用电冰箱（77种）、储水式电热水器（4种）、电动洗衣机（21种）、空气净化器（1种）、纯净水处理器（7种）、卫生陶瓷（2种）、吸油烟机（1种）。第二批共53种产品，范围

涵盖空气净化器（2种）、电动洗衣机（6种）、家用电冰箱（26种）、房间空气调节器（2种）、可降解塑料（5种）、杀虫剂（1种）、铅酸蓄电池（3种）、丝绸（蚕丝）制品（2种）、羊绒针织制品（5种）、生活用纸（1种）。第三批共480种，范围涵盖家用洗涤剂（71种）、可降解塑料（27种）、房间空气调节器（57种）、电动洗衣机（10种）、家用电冰箱（27种）、吸油烟机（5种）、电饭锅（3种）、空气净化器（2种）、纯净水处理器（5种）、商用电磁灶（1种）、商用厨房冰箱（8种）、生活用纸（12种）、铅酸蓄电池（32种）、标牌（1种）、丝绸（蚕丝）制品（18种）、羊绒针织制品（17种）、电水壶（1种）、水性建筑涂料（74种）、厨房厨具用不锈钢（5种）、锂离子电池（6种）、电视机（4种）、微型计算机（7种）、智能终端平板电脑（12种）、汽车产品 M1 类传统能源车（9种）、移动通信终端（23种）、稀土钢（5种）、铁精矿（露天开采）（1种）、烧结钕铁硼永磁材料（12种）、汽车轮胎（13种）、复合肥料（12种）。

四、推进绿色设计产品市场化

目前，绿色设计产品市场还属于市场导入期，大部分地区消费者的绿色消费意识尚未形成，人们的绿色消费观念不强。由于绿色设计产品的经济趋外部性，其进入市场需承担相对于其他一般产品更高的成本，从而使企业陷入"囚徒博弈"的两难困境。2018年4月，工业和信息化部支持苏宁易购集团开展绿色设计产品公益性推广活动，采取市场化方式撬动绿色设计产品的生产和消费。通过线上月度专场推广和线下门店专区贴标展示、广场现场推广以及亿元绿色津贴等方式推广绿色设计产品。政府借助电商平台的线上线下资源，打通绿色设计产品生产和消费的通道，提高消费者对绿色设计产品的认知认可度。总体来讲，当前我国绿色设计产品推广主要以政府引导和扶持为主导，市场机制还没有充分发挥作用，虽然取得一定成效，但推广力度仍较小。

五、推广绿色设计产品仍面临挑战

一是初级市场尚未形成，亟需政策引导扶持。绿色设计产品在市场化推广过程中存在一定困难，较难快速被消费者接受。原因有两点：一是与普通产品相比，绿色设计产品需要更多的研发和生产投入，导致生产成本上升，产品价格较高。二是消费者绿色消费意识有限，不愿为看不见的绿色效益买单。建议通过消费补贴等政策引导，提升消费者积极性，扩大市场需求。二是法律、法规、标准体系有待完善。完善的法律、法规、标准体系，有利于营造法制化、规范化、公平化的市场环境，是绿色设计产品市场化推广的重要保障。但由于绿色设计的概念进入我国时间较晚，各项工作刚刚起步，目前我国产品绿色设计缺乏立法，与绿色设计相关的法规、规章屈指可数，标准体系建设速度较慢，产品绿色设计相关工作在我国已开展 5 年，但仅形成覆盖家电、建材、轻工等行业的59项绿色设计产品评价标准，远不能满足市场上数以万计的产品对绿色设计标准的需求。三是绿色设计产品评价认证工作亟需进一步加强。推广绿色设计产品，首先要做好产品全生命周期绿色设计评价认证工作，确认产品的绿色属性。现阶段，由于评价标准体系不完善，产品评价认证范围无法覆盖更多的行业；企业开展产品全生命周期绿色设计评价的意识没有普及，除工信部支持的百家绿色设计示范企业，大部分企业对绿色设计的基本理念还比较陌生，能够主动开展产品全生命周期绿色设计评价认证的企业较少；第三方评价机构面对产品全生命周期绿色设计评价的新业务，经验有待积累，专业性有待进一步提高。四是宣传推广渠道需要进一步拓展。随着我国互联网普及率和应用水平不断提高，通过报刊、广播、电视等传统媒体获取信息的比例不断降低，运用互联网获取信息逐渐成为人们的习惯，依靠传统媒体宣传推广产品的时代已经过去，亟需充分发挥互联网新媒体的作用，拓展绿色设计产品宣传推广渠道。

展望篇

第二十章
主要研究机构预测性观点综述

第一节 国际能源署（IEA）：中国将成为碳减排的引领者

2019年1月，国际能源署（IEA）发布《世界能源展望2018》，报告分析了全球能源市场及技术发展最新数据和能源行业根本发展问题，展望了全球到2040年的能源发展前景。

首先，全球二氧化碳排放量再度呈现上涨态势，全球气候变化控制目标的实现难度加大。报告指出，全球能源相关的二氧化碳排放在2014—2016年连续三年保持稳定后，于2017年上涨了1.6%，预计2018年排放将继续增长，这与实现气候变化目标发生了偏离。IEA首席能源模型官劳拉·科奇指出："全球二氧化碳排放近两年呈现上升态势，与经济复苏、交通领域燃油消费增长有关，交通用油近期不会达峰。"报告认为，从现在到2040年能源相关的二氧化碳排放将呈缓慢上升趋势。

其次，低碳技术的成熟和应用，带动了电力在能源消费中的比例。电力是本报告的特别关注领域。报告指出，电力在全球能源消费中的比例逐步增加，正日益成为首选"燃料"，预计到2040年，电力需求会比目前增加90%，这一增量是当今美国电力需求的二倍。劳拉·科奇指出："以电动汽车为例，电气化只是相当于碳排放的转移，未来电力的清洁和低碳化对于碳减排的贡献更大。通过分析不同国别的电力装机结构得出，到2040年，可再生能源发电需要达到80%~85%才可能实现减排目标。"电气化虽然可以提高城市空气质量，但如果要充分挖掘潜力、实现减排目标，则需采取措施实现电力供应的低碳化，避免二氧化碳排放只是从终端向上游发电环节转移的风险。

再次，中国将会成为全球碳减排领域的引领者。报告提出，到2040年，全球电力需求增长的五分之一将来自于中国。劳拉·科奇指出:"碳减排方面,中国已经成为全球引领者,在风电、光伏、电动汽车、低碳技术发展等方面均走在世界前列,但仍需要探讨如何进一步加快中国低碳化发展步伐、实现低碳化技术普及应用。"同时,亦需要重点关注如何进一步提升电力系统灵活性,以实现可再生能源的大规模接入。

第二节 国务院发展研究中心:绿色消费可成为经济增长的新引擎

改革开放的 40 年,是我国经济发展重点不断调整的 40 年。我国发展已从"以生产为主"转向"以生活为主",从解决居民生活"有没有"转向"好不好",我国实现了"从温饱不足到富裕小康的伟大飞跃"。在这样一个大背景下,国务院发展研究中心周宏春研究员在《中国经济时报》撰文指出,绿色消费可成为未来经济增长的新引擎,建议做好以下几方面工作,加快推进和引领绿色消费。

一是把握好发展绿色消费的战略机遇期。

我国经济处于转型升级阶段,转型之痛带来新的增长潜力及投资机会;宏观调控应当从扩大内需出发,既要通过供给侧结构性改革加快扩大内需,生产出更多的绿色生态产品,又要通过需求导向助力供给侧结构改革,以发展产业的办法解决好人民群众反映强烈的问题,利用好我国的战略机遇期。

二是大力推进绿色消费。

据估计,我国每年在餐桌上的浪费达 2000 亿元。消费中的浪费,不仅增加了资源供应压力,还产生大量垃圾,形成"垃圾围城"现象,影响市容市貌甚至危害居民身心健康。因此,必须推进绿色消费,让大众呼吸新鲜的空气、生活在宜居的环境中、喝干净的水、吃放心的食物。随着农业供给侧结构性改革的不断深入,应增加有机食品的生产和供给,保证产品优质、健康、绿色,确保粮食安全;推动种养加融合发展,提升品牌化和产业化水平,推动三大产业协同发展,形成"一村一品"发展格局,实现绿色消费产品和乡村振兴的协同发展。

三是大力发展循环经济。

近日,国务院办公厅印发《"无废城市"建设试点工作方案》,要求持续推进固体废物源头减量和资源化利用,最大限度减少垃圾填埋量,将固体废物环境影响降至最低。为满足生态治理现代化的要求,应当对"废物"进行更精准的划分，如在产品生命周期中，可以分出新品、闲置品（再利用产品）、再生资源（再制造、资源化利用、能源化利用）等环节，变废为宝，化害为利。随着人们生活水平的提高，生活闲置品迅速增加，盘活再利用，有利于节约资源和环境保护；相关产业发展也应当大力支持。

四是着力推进清洁供热产业发展。

2016年以来，国家大力推进清洁供热产业的发展；清洁供热产业是一项涉及民生福祉的基础性公共服务事业，需要发挥市场的决定性作用和政府指导作用，在技术路线、装备生产、基础设施建设、运行管理和扩大就业等方面统筹规划，以尽可能高的安全保障、低的污染物排放、高的能源效率、多的保暖建筑物、低的成本支撑居民温暖过冬，增强群众的获得感和幸福感。

五是解决新业态中出现的新问题。

随着快递行业发展，包装废弃物快速增多。《2016年中国快递发展指数报告》显示，2016年中国快递业务量突破312亿件，相当于每人年均快递使用量约23件。处理包装废物亟需发展相关产业。应坚持市场主导、政府引导，立足当前、着眼长远，整体推进、重点突破，自主发展、开放合作等原则，将节能环保、新能源、新材料、新能源汽车等培育成为经济增长新动力；推动废物处理—环保—资源化利用一体化，促进形成企业入园发展、产业集聚发展的新模式，实现经济效益、社会效益、环境效益同步提高。

六是处理好发展和环保的关系。

随着供给侧结构性改革持续深入，消费对经济的基础性作用愈发明显。同时，制约居民消费增长的障碍也亟待破除，如三四线城市购房者中有众多中低收入群体，居民杠杆率快速上升，对消费产生了明显的挤压效应；在经济下行压力下，居民预期收入会减少，也会抑制消费等。因此，需要处理好发展和环保的关系，继续将发展作为第一要务，持续提高居民收入水平，推动居民消费增长，实现绿色消费可持续发展。

第三节　社科院城环所：绿色发展改变中国

社科院城环所所长潘家华在《人民日报》撰文提出绿色发展改变中国。绿色是中国特色社会主义新时代的新标志。我国的绿色发展理念、绿色发展方式为建设美丽中国提供了不竭动力，为开创全球绿色发展新格局提供了重要牵引力。

从人类社会发展进程看，人类社会依赖自然界延续发展。然而，自从进入工业化时代，人类的生产生活方式给自然生态环境造成严重损害，同时人类也遭到自然界的报复，面对我国生态逐步恶化的严峻局面，中央日前出台"大气十条""水十条""土十条"，全面打响污染防治攻坚战。经过努力，我国生态环境保护正在发生历史性、转折性、全局性的变化。

一是打造生态经济体系，加快经济社会绿色转型。

我国积极推进传统产业生态化改造、生态保护产业化发展，促进经济社会绿色化发展，基本形成节约资源和环境保护的空间格局、产业结构、生产方式和及生活方式。空间格局方面，工业作为发展之基，也成为污染之源，构建以产业园区为单元的空间格局，将使得资源集约利用、污染集中治理。产业结构方面，制造业在国民经济中的比重逐步下降，第三产业占比超过 50%，产业内部结构不断优化，高技术产业、高端制造业等新兴产业快速发展，不断提升我国资源节约、环境友好水平。生产方式方面，许多领域和区域已从原料经生产过程到产品加废料的线性模式，转变为从原料经生产过程到产品加原料的循环生产模式。生活方式方面，绿色社区、生态城市、低碳出行成为社会发展主基调。

二是实现绿色发展需要加快构建生态文明体系。

近些年我国生态文明建设取得巨大成就，取决于习近平生态文明思想的指导。在全国生态环境保护大会上，习近平同志提出新时代推进生态文明建设必须坚持六项原则，为建设美丽中国提供了基本遵循。实现绿色发展需要加快构建生态文明体系，包括以生态价值观念为准则的生态文化体系、以治理体系和治理能力现代化为保障的生态文明制度体系、以产业生态化和生态产业化为主体的生态经济体系、以改善生态环境质量为核心的目标责任体系、以生态系统良性循环和环境风险有效防控为重点的生态安全体系。

三是绘制美丽中国蓝图，为世界提供可持续发展方案。

绿色发展理念正在改变中国。解决中国的生态环境问题，是解决全球生态环境问题的重要部分，也是为世界可持续发展提供中国方案。在绿色发展理念下形成的可持续发展模式，美化了中国，同时也为全球可持续发展提供示范和引领，致力形成人与自然和谐共生的人类命运共同体。部分发达国家的"绿色"理念是以牺牲他人绿色来实现自我绿色，不可能真正实现绿色发展。

我国奉行绿色发展理念，积极参与和引导应对气候变化，成为全球生态文明建设的重要参与者、贡献者、引领者。具体表现在以下方面：一是贡献思想。更多的人认识到，人类可持续发展需要运用人与自然和谐共生的东方智慧。二是行动引领。我国绿色发展不是豁免自己而强求他人，而是踏石留印、抓铁有痕。三是合作共赢。无论国际治理还是绿色投资，中国都秉持开放和谐包容理念，努力推动全球绿色发展。

第四节　E20研究院：2019年我国环境产业发展外部环境出现四大变化

"绿水青山就是金山银山"的"两山论"作为习近平总书记生态文明思想的精髓要义之一，为环境产业指明了发展方向。2018年11月，E20环境平台首席合伙人、E20研究院院长傅涛著的《两山经济》正式出版，对"两山论"如何落地实践进行了深度研究。在2019年E20环境产业圈层总裁闭门年会上，傅涛总结《两山经济》的精髓部分，分享了"两山经济"视角下，生态环境产业的未来，并提出2019年我国环境产业发展的外部环境出现四大变化。

第一，企业融资要十分理性，"鲤鱼跳龙门"的神话已经终结。

2018年度，环境产业上市企业资本估值跌幅巨大，接近50%。中国的商业环境和资本环境发生了较大的变化。但傅涛认为，这可能不是简单的大跌，而是回归正常估值，传统环境产业是从仙界下凡了，这也将成为一种常态。下到凡间后，环境企业对资本市场可能会有一些新的思考。2019年，企业融资要十分理性，"鲤鱼跳龙门"的神话可能就要终结了。傅涛认为，资本收益被弱化，对于行业来讲是利好的，让环境产业终结资本套利的时代，让企业回归业务增长的本质，同时也让企业资本战略回归业务战略的助手。资本战略永远是业务战略的助手。傅涛认为，虽然强调要双轮驱动，但没有业务战略的1，后面加多少个0都是空的。

第二，生态环境治理绝不会给经济发展让路。

关于2019年，有人预测，生态环境治理将给经济发展让路，也有很多人说生态文明战略在降温。但需要正视的是，生态环境治理是政治任务，仍然是三个攻坚战的核心。傅涛坚信，环保督察力度绝不会降低。实际上环境部已经在部署2019的督察工作了。环境问题是政治问题，拆除西安秦岭别墅的新闻，也是中国在向世界证明，即便是在经济增长出现危机的背景下，也绝不会要求环保让步。

第三，简单依靠政府支付所支撑的环境产业时代已经过去。

当然，现在面临的困难也是实实在在的。经济下滑，政府支付能力萎缩。同时，据E20研究院的调研显示，很多政府的硬性支出也还没有降下来。政府一面收入减少，一面减税达20000亿元。在这样的背景下，简单依靠政府支付所支撑的环境产业必然不牢靠。傅涛指出，环保行业躺在政府身上走过了黄金20年，未来必将会走上一个新的跑道。从某种意义上讲，资本市场并不是不相信环境产业，而是不相信政府的支付能力。单纯依靠向政府要钱的环境产业跌回凡间是正常现象。环境股的下跌，就预示了单一政府支付上市估值模式的终结。

第四，需要在九死一生中寻找一线生机。

做企业家很累。小企业要做大很累，需要长时间的准备和打拼。但做大企业的维系更累，要稳定行业地位，资本市场上的估值需要有预期，有股权激励，因为员工和股东都在看着你。傅涛坦言，E20作为新三板上市公司，都感觉到了股权的压力。只要有股东，就会对公司有预期。产业生态化以后，价值的流动太快。如人才、资金、项目的流动等，基于此E20商学院也针对相关话题，设置了系统的课程，做了详细的阐述和介绍。傅涛认为，未来的商业发展必须在信息对称的条件下获利。创业的路径越来越窄，要求越来越高。不是什么企业都能够创业、创新。需要在九死一生中获得一线生机。

第五节 中信建投：2019环保行业预测

中信建投相关研究人员日前发布《2019环保行业预测》，提出去杠杆融资紧缩政策利好频至，有望带来边际改善的观点。

一、去杠杆缩融资改善，政策利好有望带动行情修复

2017年年底发起的新一轮去杠杆，对2018年环保行业的融资产生重大影响。截至2018年度中期，环保企业纷纷表示"缺钱"，环保行业融资问题不断加剧。2018年下半年以来，政府出台了打赢蓝天保卫战等七大环保攻坚战的政策，还相继出台乡村振兴战略规划、创新和完善促进绿色发展价格机制等一系列与环保行业息息相关的政策文件，这些文件在环保行业运营资产价格形成机制、政府承诺兑现力度等方面，提出了有效建议，未来将推动环保行业的发展。国务院办公厅印发《关于保持基础设施领域补短板力度的指导意见》，明确提出环保是补短板的重点领域之一。近期有关解决民营企业融资难的利好政策不断出台，有的放矢地针对环保行业突出问题，大力支持环保行业，长远来看融资大环境将得到改善，企业生存危机和融资局势有望缓解，预计明年将迎来行业转折点，后续出现反弹。

二、PPP从清库走向规范，政策引导健康高质量发展

自2013年国家大力推广PPP模式以来，政府和市场响应积极，PPP落地项目不断增长，但发展过程中发现，部分地方政府滥用PPP，借PPP变相融资，带来巨大的地方债务风险。为规范PPP项目发展，遏制隐形债务风险增量，

2017年11月，财政部发布《关于规范政府和社会资本合作（PPP）综合信息平台项目库管理的通知》（财办金〔2017〕92号，后简称92号文），要求严格新PPP项目的入库标准，集中清理已入库项目。纵观目前，整体PPP项目数稳中有降，而落地率在此情况下总体平稳上升，项目执行情况良好，PPP市场正逐渐走向健康发展。预测2019年，环保领域受清库工作影响逐渐减弱，而且随着融资利好信号的释放，环保行业PPP市场回暖的预期增强。

三、环保督查紧锣密鼓，强压推动行业规范化发展

我国环境问题已经逐渐成为影响经济社会发展的重要因素，严格的环保督察有利于建立良好的环保意识，构建环保长效机制。2018年6月，第一批中央环境保护督察"回头看"6个督察组对10省(区)开展为期一个月的督察进驻。截至2018年11月底，第二批中央生态环境保护督察"回头看"5个督察组下沉至各省开展督查工作。第一批"回头看"工作中，禁止"一刀切"行为使得各省市的环保问题充分暴露，第二批回头看仍然坚持这一原则，同时环保督察的持续高压会不断刺激各级政府和各企业管理人员对环保的心弦，有利于释放对环保治理的需求。

四、黑臭治理及村镇环保不达预期，有望成为补短板重要突破口

政策频繁提及，消除黑臭水体为重中之重。《水污染防治行动计划》和《"十三五"生态环保规划》均明确提出，到2020年，地级及以上城市建成区黑臭水体均控制在10%，"水十条"更将其作为主要的考核指标，要求每半年向社会公布治理情况。2018年5月，生态环境部联合住房城乡建设部启动2018年城市黑臭水体整治环境保护专项行动。政策频繁将消除黑臭水体作为主要指标，凸显出黑臭水体治理任务的重要性。

农村环境整治初有成效，问题依然突出。《全国农村环境综合整治"十三五"规划》中提出，我国农村环境整治取得初步成效，农村环境监管能力得到提升。但是农村环境问题依然突出，存在环保基础设施严重不足、环保机制体制有待完善和监管能力依然薄弱的问题，为此，《规划》提出了农村饮用水水源地保护、农村生活垃圾和污水处理、畜禽养殖废弃物资源化利用和污染防治三大主要任务推进农村环境综合治理。

五、长江环境污染日益严重，大保护势在必行

长江经济带工业占我国工业总量的40%以上，工业的蓬勃发展也带来了严

重的环境问题，特别是有些企业不注重对环境的保护，将未经处理的工业废水直接排入长江之中，导致长江的水体质量不断下降。尽管随着近几年对长江保护和督查力度不断加大，长江水质有了一定的改善，但要将水质恢复仍需要长时间、高强度的保护和督查力度。近两年，长江经济带发生了几起重大突发环境事件，影响恶劣，长江经济带的整治需求迫切，环境问题的治理刻不容缓。长江经济带的环境问题引起了党中央高度重视，习近平总书记于2016年指出，当前和今后相当长一个时期，要把修复长江生态环境摆在压倒性位置，共抓大保护，不搞大开发，把实施重大生态修复工程作为推动长江经济带发展项目的优先选项。截至2018年11月，国家各部委分别从长江经济带的发展规划、污染治理指标、资金保障、监测机制等方面对长江大保护行动提供指导和支持。其中《长江经济带生态环境保护规划》明确了长江经济带在2020年的环境指标。地方层面上，各地方政府均制定了地方《生态保护红线》，确定了生态保护的保护区域，并依据地方各省市自身环境情况制定环境保护行动方案。

六、农村环保：政策叠加，开启千亿市场空间

农村环境防治重点在农村垃圾和污水处理，自2011年起，国家已经出台11项关于农村环境防治的政策，其中，《全国农村环境综合整治"十三五"规划》提出，重点加强对饮用水水源地保护、生活垃圾和污水的处理。《规划》中要求加快农村生活垃圾和污水污染治理设施的建设，要求新增完成环境综合整治建制村13万个，经过整治的村庄，生活垃圾定点存放清运率达到100%，生活垃圾无害化处理率大于70%，生活污水处理率大于60%。同时，《农村人居环境整治三年行动方案》要求中西部的村庄有90%的生活垃圾得到治理，生活污水乱排乱放得到管控。

第二十一章

2019年中国工业节能减排领域发展形势展望

2018年，我国工业节能减排目标任务基本完成，带动环境质量持续改善，"十三五"工业节能减排工作按计划稳步推进。展望2019年，工业经济发展有望继续保持平稳增长态势，节能减排压力有所加大，但各项节能减排工作仍将有序推进。

第一节 2019年形势判断

一、单位工业增加值能耗降幅可能收窄，工业污染物排放将继续保持下降

2018年1—10月，全国规模以上工业增加值累计同比增长6.4%，连续12个月保持单月增长6%左右的水平，稳定增长的态势十分明显。部分高载能行业生产进一步恢复，粗钢、生铁、水泥和平板玻璃产量同比分别增长6.4%、1.7%、2.6%和1.3%。受工业生产持续回暖影响，1—10月份，全国工业用电量37942亿千瓦时，同比增长7.1%（见图21-1），占全社会用电量的比重为67.1%，对全社会用电量增长的贡献率为55.8%；全国规模以上工业单位增加值能耗下降3%左右，与上年同期相比降幅进一步收窄，完成年度目标任务难度加大；截至2018年10月底，全国规模以上工业单位增加值能耗为1.22吨标准煤，比2010年的1.92吨标准煤下降了36.5%。

进入2019年，工业能源消费总量预计继续保持低速增长，单位工业增加值能耗有望继续下降，但降幅可能继续收窄。首先，根据国务院《"十三五"

节能减排综合性工作方案》的总体部署，按照工业和信息化部发布的《工业绿色发展规划（2016—2020年）》的具体安排，"十三五"工业节能工作进入收尾期，为确保目标任务顺利完成，必须在2019年进一步加大节能工作力度，2019年工业节能目标任务的完成有了政策层面的保障。其次，工业生产的稳定增长，尤其是高载能行业的持续回暖，将带动工业能源消费需求进一步回升，工业能源消费总量将继续保持增长态势的同时，单位工业增加值能耗大幅反弹的局面应该不会出现。第三，随着工业领域供给侧结构性改革持续推进，结构性节能的效果将进一步显现。2018年以来，工业生产继续向中高端迈进，1—10月份高技术制造业投资同比增长16.1%，比前三季度加快1.2个百分点；10月份，高技术制造业同比增长12.4%，比上个月加快1.2个百分点。总的来看，2019年我国工业能源消费总量不会迅速增加，单位工业增加值能耗下降速度可能减缓，但仍然处于下降区间。

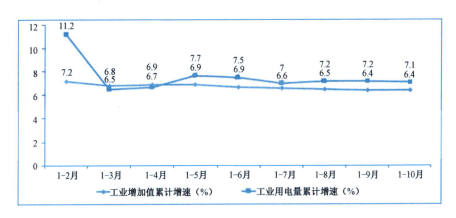

图21-1 2018年1—10月规模以上工业增加值和工业用电量情况

（数据来源：国家统计局、中国电力企业联合会）

进入2019年，在高污染行业增长有限和重点行业错峰生产实施范围进一步扩大的情况下，主要污染物排放总量有望继续保持下降态势。首先，2018年6月16日，中共中央和国务院批准了《关于全面加强生态环境保护坚决打好污染防治攻坚战的意见》，意见提出到2020年我国生态环境质量将总体改善，主要污染物排放总量大幅减少，环境风险得到有效管控；全面整治"散乱污"企业及集群，京津冀及周边区域2018年年底前完成，其他重点区域2019年年底前完成；重点区域采暖季节，对钢铁、焦化、建材、铸造、电解铝、化工等重点行业企业继续实施错峰生产，实施区域的范围将在2019年进一步扩大。其次，工业污染物排放占排放总量比重继续保持高位，二氧化硫、氮氧化物、烟粉尘（主要是 PM10）排放量分别占全国污染物排放总量的 90%、70% 和 85% 左右，工业是主要污染物减排的重点也是难点，随着总量减排、环境监管等措施的深入推进，工业领域主要污染物排放必将延续下降态势（见表 21-1）。

表 21-1　全国主要城市主要污染物浓度变化情况

污染物种类	2016 年 1—9 月平均浓度（μg/m³）	2017 年 1—9 月平均浓度（μg/m³）	2018 年 1—8 月平均浓度（μg/m³）
PM2.5	45	36	27
PM10	80	65	50
NO₂	28	33	23
SO₂	28	14	10

数据来源：环境保护部。

二、四大高载能行业用电量比重持续下降，结构优化成为节能减排的最大动力

进入 2019 年，随着供给侧结构性改革的成效日益显著，结构性节能减排已经成为工业节能减排的最重要动力。第一，四大高载能行业能耗占全社会能耗的比重有望在 2019 年继续保持小幅下降态势（见图 21-2）。2012 年以来，化工、建材、钢铁和有色等四大高载能行业能源消费量占全社会的比重一直保持下降态势，平均每年下降近 1 个百分点；2018 年 1—9 月，四大行业用电量占全社会用电总量的比重为 27.7%，比上年同期下降了约 0.8 个百分点，延续了"十二五"以来用能结构持续优化调整的势头。第二，新动能不断成长，工业经济结构有望继续改善。2018 年以来，中高端制造业增长较快。1—10 月份，高技术制造业、装备制造业增加值同比分别增长 11.9% 和 8.4%，分别快于规模以上工业 5.5 和 2.0 个百分点。新产品较快增长。1—10 月份，新能源汽车、智能电视产量分别增长 54.4% 和 19.6%。第三，工业经济发展的总体政策导向没有变化。2019 年，工业领域将继续坚持推动高质量发展和建设现代化经济体系，坚持以供给侧结构性改革为主线，狠抓政策落实，工业结构持续优化的政策环境较好。

三、重点区域环境质量继续改善，中西部地区工业节能形势较为严峻

进入 2019 年，京津冀、长三角、汾渭平原等重点区域主要污染浓度将保持下降，环境质量有望继续改善。根据环保部发布的监测数据，京津冀、长三

角等区域的PM2.5浓度总体保持下降态势，与2014年相比，两大区域2018年1—8月PM2.5浓度从84μg/m³、56μg/m³下降到51μg/m³、23μg/m³，降幅分别达到了39%、59%，环境质量明显改善（见图21-3）。2018年6月27日，国务院印发了《打赢蓝天保卫战三年行动计划》，未来三年散乱污企业治理和重点行业错峰生产将继续强力推进，京津冀、长三角、汾渭平原等重点地区的环境质量有望继续改善，而珠三角地区的环境质量将继续保持在较好的水平。与此同时，我国各地区能源消费走势与过去相比却更加复杂。预计2019年，除了节能形势一直比较严峻的西部地区外，中部地区的能源消费也可能快速增长，节能形势较为严峻。2018年1—10月，纳入统计的31个省份全社会用电量均实现正增长。其中，全社会用电量增速高于全国平均水平（8.7%）的省份有13个，依次为：广西（19.7%）、西藏（17.6%）、内蒙古（14.8%）、重庆（12.8%）、四川（12.7%）、甘肃（12.1%）、安徽（12.0%）、湖北（11.0%）、湖南（10.7%）、江西（10.2%）、云南（9.9%）、福建（9.6%）和青海（8.8%）。

图21-2　四大高载能行业用电量占全社会比重的变化

（数据来源：中国电力企业联合会）

四、工业绿色发展综合规划深入实施，绿色制造体系建设将取得全面进展

进入2019年，我国工业领域第一个绿色发展综合性规划《工业绿色发展规划（2016—2020年）》（以下简称《规划》）的落实将深入推进，包括绿色产品、工厂、园区、供应链和企业等要素在内的绿色制造体系建设将取得全面进展，形成更加完整的绿色发展格局。《规划》提出"十三五"期间要培育百家绿色设计示范企业、百家绿色园区、千家绿色工厂、推广万种绿色产品，截至目前，绿色设计试点企业已有99家，并完成了对第一批试点企业的验收，基本完成"十三五"目标任务；绿色制造示范名单已经连续公布了三批，包括802家

绿色示范工厂、80 家绿色园区和 40 家绿色供应链管理示范企业，绿色制造体系建设工作取得全面进展，"十三五"绿色制造体系建设任务有望在 2019 年提前完成。同时，为加快实施《绿色制造工程实施指南（2016—2020 年）》，财政部、工业和信息化部正式发布了《关于组织开展绿色制造系统集成工作的通知》（财建〔2016〕797 号）》，利用中央财政资金引导和支持绿色设计平台建设、绿色关键工艺突破、绿色供应链系统构建等三个方向的示范项目，截至 2018 年年底，近 370 个项目获得了中央财政资金的支持，范围覆盖了机械、电子、食品、纺织、化工、家电等重点工业行业。

图 21-3　主要地区 PM2.5 浓度变化情况（单位 μg/m³）

（数据来源：环境保护部）

五、节能环保产业政策环境依然较好，但增长态势将由高速降为中高速

进入 2019 年，"十三五"节能环保产业发展有关规划的落实将继续推进，促进节能环保产业提速发展的政策措施将保持不变，但由于前两年的过度投资，产业增速将有所下降。一方面，作为政策拉动需求的典型行业，环境治理领域的利好措施接连出台。2018 年 6 月，中央国务院连续批准和出台了《关于全面加强生态环境保护　坚决打好污染防治攻坚战的意见》《打赢蓝天保卫战三年行动计划》，对环境治理提出了新的更高要求，也对环境治理和监测的技术装备和产品提出了更大的需求。另一方面，受制于上半年偏紧的资金面以及部分企业中报的不及预期，2018 年前三季度环保行业市场出现了整体走弱的趋势，而这种趋势在 2019 年很难大幅回弹。究其原因，主要是由于去杠杆政策的影响，环保行业大部分上市公司主要以 PPP 为主要商业模式，在此情形下受到

融资环境紧缩影响明显。总的来说，2019年节能环保行业发展环境喜忧参半，政策环境确保市场需求处于高位，融资困难又会一定程度束缚行业快速增长。

第二节 需要关注的几个问题

一、单位工业增加值能耗反弹的可能性在增加

一方面，工业能源消费增速继续保持近年来较高的水平。2018年以来，高质量发展和供给侧结构性改革深入推进，我国工业能源消费呈现"前高后低"走势，但其增速一直处于近年来的较高水平（7%以上），高于工业增加值增速。进入2019年，工业产能的总体利用率有望进一步回升，工业能源消费增速可能一直保持高位运行。另一方面，高载能行业利润大幅反弹，将带动生产进一步回暖。2018年1—10月，工业新增利润主要来源于钢铁、石油、建材、化工行业等高载能行业，钢铁行业利润增长63.7%，石油开采行业增长3.7倍，石油加工行业增长25.2%，建材行业增长45.9%，化工行业增长22.1%，这5个行业合计对规模以上工业企业利润增长的贡献率为75.7%。总的来看，2019年单位工业增加值能耗反弹的可能性在增大而不是减小。

二、区域节能减排形势更加复杂

与"十三五"前两年的情况相比，中部地区省份能源消费明显加快。2018年1—10月，在用电量增速超过全国平均值的13个省份中，中部地区占了4个（中部地区仅包括6省），西部地区占了8个。西部地区多数省份工业结构以重化工业为主，2018年以来，随着市场供求关系好转，西部地区高耗能行业呈现快速增长态势，受到行业利润大幅反弹的刺激，这种态势有望延续到2019年。同时，中西部地区，尤其是西部地区又新开工和投产了大批重大工程和项目。《交通基础设施重大工程建设三年行动计划》显示，2018年我国的铁路重点推进项目共22项，共修建8203公里，总投资近7000亿元，多数项目将在中西部地区开展建设；仅新疆2018年在交通、水利、能源等领域又实施了一批重点项目，完成投资3700亿元以上，实现新开工项目115个。随着一大批重大工程和高耗能项目的开工建设和投产，必将拉动钢铁、有色、建材等"两高"行业快速增长，西部地区节能减排压力将继续加大。

三、绿色制造体系建设进入深水区

随着工业和信息化部办公厅公布第三批绿色制造示范名单，"十三五"

绿色制造体系建设任务时间过半、任务完成量也过半，但未来的工作将进入深水区。

第一，在绿色设计企业、绿色产品、绿色工厂、绿色园区和绿色供应链示范企业等的创建过程中，完成开发推广万种绿色产品的任务难度很大，而其他任务基本可以在2019年完成。

第二，绿色制造的标准体系建设跟不上需求。除了绿色工厂的国家标准已经正式公布实施外，绿色园区、绿色供应链和绿色产品标准缺口仍然很大，下一步在地方、行业深入推进绿色制造体系建设严重缺乏支撑。

第三，产品全生命周期理念是支撑绿色制造体系建设的核心，新理念在工业领域全面推广还有待时日，同时开展生命周期评价的工业基础数据库建设、适用的软件工具开发还有待加强。

四、环境治理措施强化的同时更需细化

随着《打赢蓝天保卫战三年行动计划》的全面实施，大气环境治理强化措施陆续出台，其中重点地区重点行业错峰生产工作最为引人注目。为做好冬季采暖期空气质量保障工作，京津冀及周边地区的"2+26"城市以及汾渭平原地区在2018—2019年将继续组织实施重点行业企业错峰生产工作，在环境质量明显改善的同时，仍然面临一些制约因素。

一是目标任务制定的准确性、科学性仍然有待提升，各个行业、不同规模企业其错峰生产带来的减排贡献度到底如何，还应进一步科学评估。

二是保障民生需求应是前提条件，特别是原料药行业，部分药品生产周期长、季节选择性强，采暖季实施停产可能无法满足市场需求。

三是被广泛质疑的"一刀切"在一定程度上不利于环保"优胜劣汰"，目前实施行业错峰生产主要依据产能情况，尚未根据排污水平优劣进行细分和差别化对待，排污少的优质产能与劣质产能实行相同的限停产政策。

第三节 应采取的对策建议

一、继续强化工业节能的监督和管理

一是加大工业能源消费情况的跟踪管理力度，及时分析可能造成单位工业增加值能耗反弹的潜在因素，快速提出应对措施，确保2019年工业节能目标任务圆满完成。

二是围绕《绿色制造工程实施指南（2016—2020年）》和《关于开展绿色

制造体系建设的通知》具体要求，继续推进节能降耗、清洁生产、资源综合利用的技术改造，进一步提升能源资源的利用效率。

三是严格执行高耗能行业新上项目的能评环评，加强工业投资项目节能评估和审查，把好能耗准入关，加强能评和环评审查的监督管理，严肃查处各种违规审批行为；同时，加快修订高耗能产品能耗限额标准，提高标准的限定值及准入值。

二、对中西部地区实施差异化的节能减排政策

一是加强对中西部地区、尤其西部地区工业能源消费情况的监督管理，重点针对那些能源消费增速较快、重化工业比重偏高的省份，及时分析制约其工业节能目标任务完成的因素，加强指导和监督。

二是总体谋划分区域的节能减排政策。充分考虑中部与西部的地区差异，在淘汰落后产能、新上项目能评环评及节能减排技改资金安排等方面，实施区域工业节能减排差异化政策。

三是加快推进中西部地区工业绿色转型，加快推进绿色制造体系建设。选择部分中西部省份先行在省内开展绿色制造体系试点建设，由省级工业和信息化主管部门会同有关部门研究制定地区绿色制造体系建设实施方案，提出实施的目标、任务和保障措施，工业和信息化部加强指导和督促，加快推进中西部地区工业绿色转型升级。

三、深入推进绿色制造体系建设

一是结合《工业绿色发展规划（2016—2020年）》实施的具体情况和目标要求，重点围绕绿色产品的开发推广，加大工作力度，确保在2019年取得明显进展，为完成"十三五"相关目标任务奠定基础。

二是按照《绿色制造体系标准建设指南》有关要求，加快标准的制修订，重点是绿色设计产品的评价规范、重点行业绿色工厂评价标准、绿色园区评价通则、绿色供应链企业评价通则等标准规范的制定。

三是加大生命周期理念的推广力度，加强工业绿色发展基础数据库建设，鼓励生命周期评价软件工具的开发与应用，促进生命周期评价结果在绿色产品设计开发、绿色工厂园区建设、绿色供应链打造等工作中的应用。

四、优化细化错峰生产配套管理措施

一是加强对实施错峰生产的地区及企业的跟踪管理，及时收集采集相关数

据和信息,对错峰生产带来的减排效果和相关影响开展评估,提出应对策略和具体解决方案。

二是加快推进产业结构优化调整,降低错峰生产带来的总体影响。指导有关地区加大钢铁、建材等重点行业化解过剩产能力度,强化能耗、环保、质量、安全、技术等指标,依法依规加快不达标产能退出市场。

三是加快完善错峰生产配套管理措施。优化和细化对重点城市水泥、铸造、砖瓦窑、钢铁、电解铝、氧化铝、炭素等企业错峰限停产工作的指导、监督和落实,防范安全生产风险,督促地方更好地开展错峰生产。

附录

2018年工业节能减排大事记

1月

2018年01月04日
中国汽车动力电池产业联盟回收利用分会成立大会在京召开

2018年1月4日，中国汽车动力电池产业联盟回收利用分会在京成立。汽车制造、电池生产、公交运输、再生利用以及相关科研机构等70多家单位负责同志参加了会议。会议确定了联盟分会工作章程，选举中国铁塔公司高步文副总经理为分会理事长，比亚迪股份有限公司、中国五矿集团长沙矿冶研究院为副理事长单位。工业和信息化部节能与综合利用司司长高云虎、中国汽车工业协会常务副会长董扬出席会议。

高云虎在讲话中，充分肯定了中国铁塔公司在推进动力电池体系利用领域开展的大量探索和实践，分析了当前面临的新形势和新要求，提出新能源汽车是制造强国建设的重大战略任务，推进新能源汽车动力电池回收利用，不仅有利于节约资源，保护环境和社会安全，而且有利于我国新能源汽车产业健康发展，促进生态文明建设。强调联盟要发挥好平台作用，服务好企业，加强行业自律，带动全行业持续健康发展。工业和信息化部将加快实施新能源汽车动力电池回收利用管理暂行办法，推进标准体系建设，建设新能源汽车国家监测与动力电池回收利用溯源综合管理平台，开展试点示范，积极探索技术经济性强、资源环境友好的多元化回收利用市场模式。

2018年01月19日
工业和信息化部组织召开2018年全国工业节能与综合利用工作座谈会

2018年1月19日，全国工业节能与综合利用工作座谈会在云南昆明召开。

工业和信息化部副部长辛国斌在讲话中强调,要深化认识,准确把握新时代工业发展面临的新形势。党的十九大确立了习近平新时代中国特色社会主义思想,描绘了决胜全面建成小康社会、夺取新时代中国特色社会主义伟大胜利的宏伟蓝图。中央经济工作会议进一步明确提出习近平新时代中国特色社会主义经济思想,这是在过去五年实践中形成的、以新发展理念为主要内容的、推动我国经济发展的理论结晶,为新时代建设制造强国和网络强国指明了方向,进一步明确了奋斗目标和战略任务。

云南省副省长董华出席会议并致辞,会议由工业和信息化部节能与综合利用司司长高云虎主持,工业和信息化部部分司局相关负责同志,各省、自治区、直辖市及计划单列市、副省级省会城市、新疆生产建设兵团工业和信息化主管部门相关负责同志、节能与综合利用相关处处长,部分行业协会、研究机构和媒体代表等参加会议。河南、广东、上海、山西、陕西、云南等6个省市工业和信息化主管部门进行大会交流发言。

2月

2018年02月12日

甲醇汽车试点工作座谈会在京召开

2018年2月12日,工业和信息化部在京组织召开甲醇汽车试点工作座谈会,发展改革委、环境保护部、交通运输部、卫生计生委、能源局等部门有关司局同志及专家参加了会议。会议由工业和信息化部节能与综合利用司李力巡视员主持。

会上,工业和信息化部通报了甲醇汽车试点工作总体情况,并结合试点检测报告和专家验收结果等,对甲醇汽车的适应性、可靠性、经济性、安全性、环保性等性能进行了介绍。与会同志对甲醇汽车试点工作给予了肯定,并围绕甲醇汽车推广应用政策进行了讨论,对下一步工作提出了建议。

从2012年开始,工业和信息化部先后在山西、上海、陕西、甘肃、贵州五省市的晋中、长治、上海、西安、宝鸡、榆林、汉中、兰州、平凉、贵阳等10个城市开展甲醇汽车试点工作。共投入运营甲醇乘用车、公交客车、多用途微型车、重型载货车等共计1024辆,总运行里程达1.84亿公里,单车最高行驶里程超过35万公里,共投入运营甲醇燃料加注站20座,累计消耗甲醇燃料超过2.4万吨。

2018年02月28日

工业和信息化部印发《2018年工业节能监察重点工作计划》

工信部印发《2018年工业节能监察重点工作计划》的通知，工作计划提出，依据强制性节能标准，推动重点行业、重点区域能效水平提升，突出抓好重点用能企业、重点用能设备的节能监管等工作，实施重大工业专项节能监察。

工作计划提出，要进行重点高耗能行业能耗专项监察。按照"十三五"期间对高耗能行业企业实现节能监察全覆盖的总体要求，重点核查2017年石化、化工、造纸等行业重点用能企业能耗限额标准执行情况，对2000多家乙烯、合成氨、电石、烧碱、尿素等石化、化工企业，500多家独立焦化企业，3000多家造纸企业实现行业全覆盖开展节能监察。

3月

2018年03月2日

工业和信息化部等七部委组织开展新能源汽车动力蓄电池回收利用试点工作

为贯彻落实《新能源汽车动力蓄电池回收利用管理暂行办法》，3月2日，工信部等七部委联合发布了《新能源汽车动力蓄电池回收利用试点实施方案》，到2020年，建立完善动力蓄电池回收利用体系，探索形成动力蓄电池回收利用创新商业合作模式。建设若干再生利用示范生产线，建设一批退役动力蓄电池高效回收、高值利用的先进示范项目，培育一批动力蓄电池回收利用标杆企业，研发推广一批动力蓄电池回收利用关键技术，发布一批动力蓄电池回收利用相关技术标准，研究提出促进动力蓄电池回收利用的政策措施。

实施方案指出，充分落实生产者责任延伸制度，由汽车生产企业、电池生产企业、报废汽车回收拆解企业与综合利用企业等通过多种形式，合作共建、共用废旧动力蓄电池回收渠道。另外，实施方案明确了试点范围，即在京津冀、长三角、珠三角、中部区域等选择部分地区，开展新能源汽车动力蓄电池回收利用试点工作，以试点地区为中心，向周边区域辐射。支持中国铁塔公司等企业结合各地区试点工作，充分发挥企业自身优势，开展动力蓄电池梯次利用示范工程建设。

2018年3月07日

工业固体废物资源综合利用工作座谈会在京召开

为贯彻落实《中华人民共和国固体废物污染环境防治法》《中华人民共和国

循环经济促进法》《中华人民共和国清洁生产促进法》《中华人民共和国环境保护税法》等法律法规，促进工业固体废物资源综合利用产业规范化、绿色化、规模化发展，积极引导绿色生产和绿色消费，近日，节能与综合利用司在北京组织召开了工业固体废物资源综合利用工作座谈会。

会议邀请部分省级工业和信息化主管部门的同志、有关协会、行业专家参加。会上，围绕工业固体废物资源综合利用产品目录及评价管理规范进行了研究讨论。大家一致认为，开展工业固体废物资源综合利用评价，建立科学规范的工业固体废物资源综合利用评价制度，加强公共服务和事中事后监管，符合"放管服"改革要求，对于落实国家资源综合利用相关优惠政策、营造良好市场环境、提高企业开展资源综合利用的积极性具有重要意义。

2018年3月15日

工信部等八部委发布《电器电子产品有害物质限制使用达标管理目录（第一批）》和《达标管理目录限用物质应用例外清单》

3月15日，工业和信息化部会同发展改革委、科技部、财政部、环境保护部、商务部、海关总署、质检总局发布了《电器电子产品有害物质限制使用达标管理目录（第一批）》和《达标管理目录限用物质应用例外清单》，并自公告之日起一年后（即2019年3月15日）施行。

《电器电子产品有害物质限制使用达标管理目录（第一批）》和《达标管理目录限用物质应用例外清单》的发布，是为了贯彻落实《电器电子产品有害物质限制使用管理办法》，做好电器电子产品有害物质的替代与减量化。《电器电子产品有害物质限制使用管理办法》公布于2016年1月21日，规定纳入达标管理目录的电器电子产品应当符合有害物质限制使用限量要求。

4月

2018年04月10日

2018绿色（生态）设计产品苏宁全球首发会在京召开

为贯彻落实党的十九大报告中提出的"加快建立绿色生产和消费的法律制度和政策导向，建立健全绿色低碳循环发展的经济体系，倡导简约适度、绿色低碳的生活方式"要求，提升人们对绿色（生态）设计产品的认识，积极引导绿色消费，2018年4月10日，苏宁易购集团（以下简称"苏宁"）在京组织召开了2018绿色（生态）设计产品苏宁全球首发会。会上，苏宁发布了绿色（生态）设计产品全球推广计划，启动了2018绿色（生态）设计产品全球首发节暨苏宁易购418大促销活动周，并邀请了产品纳入绿色（生态）设计产品名单的格力、海信、美的、海尔、美菱、小天鹅、长虹、安吉尔、沁尔康、九牧、荣事达、立白、开米、纳爱斯、松下、三星等16家生产企业代表，在会上进行产品介绍。工业和信息化部节能与综合利用司毕俊生副司长出席会议并发言，充分肯定了苏宁积极履行社会责任、响应国家绿色发展倡导、支持绿色（生态）设计产品推广、促进绿色消费和绿色经济发展所举办的活动，并表示苏宁充分利用其线上线下资源，对打通绿色（生态）设计产品生产和消费的通道，提高消费者对绿色（生态）设计产品的认知认可度，引导绿色消费，具有积极的作用。

2018年04月18日
甲醇汽车工作座谈会在京召开
4月18—20日，工业和信息化部在京组织召开甲醇汽车工作座谈会，山西省、陕西省、甘肃省、贵州省的工业和信息化主管部门负责同志，部内规划司、财务司、科技司、原材料司、装备司等有关司局负责同志，发展改革委、公安部、生态环境部、交通运输部、商务部、卫生健康委、市场监督总局、能源局等部门相关司局同志及有关专家参加了会议。

会议由工业和信息化部节能与综合利用司李力巡视员主持。会上，工业和信息化部节能与综合利用司传达了国务院领导重要批示精神和部领导批示要求，介绍了甲醇汽车试点工作总体情况及下一步工作考虑，与会代表就进一步做好甲醇汽车推广应用，从政策保障措施、产业及部门协作等多方面进行了深入讨论。下一步，按照国务院领导批示精神，工业和信息化部将积极会同有关部门，加快研究推动甲醇汽车推广应用工作。

5月

2018年05月03日
绿色制造工程座谈会在京召开
2018年5月3日，节能与综合利用司在北京组织召开绿色制造工程座谈会，各省、自治区、直辖市及计划单列市、新疆生产建设兵团工业和信息化主管部门相关负责同志参加会议。与会代表围绕绿色制造工程的组织推进工作进行了座谈交流，山东、安徽、重庆等地区介绍了工作经验。

会上，节能与综合利用司司长高云虎在讲话中强调，一是要高度重视，绿色发展理念是新发展理念的重要内容，绿色制造工程是中国制造强国战略明确的重大工程，各地要紧紧围绕全面落实绿色制造工程、推进绿色制造体系建设，精心组织好绿色制造重点项目。二是要加强对绿色制造的理解，既要注重加强重点技术工艺环节的绿色化改造提升，实现节能减排，也要注重推进制造业全产业链和产品全生命周期整体绿色升级，推动形成绿色发展新动能。三是要加强事中事后监管，在组织实施绿色制造工程的过程中，把好质量关，推动建成一批技术指标先进、示范带动作用强的典型项目。

2018 年 05 月 18 日

2018 中国绿色数据中心大会在天津召开

为总结推广国家绿色数据中心试点先进经验和做法，促进绿色数据中心先进适用技术产品交流应用，在工业和信息化部节能与综合利用司指导下，中国电子学会于 5 月 17 日在天津经济技术开发区组织召开了 2018 中国绿色数据中心大会。工信部节能司、国管局节能司、国家能源局油气司和相关科研院所、数据中心代表共 300 余人参加。

本次会议以"绿色数据中心引领，支撑产业转型升级"为主题，聚焦绿色数据中心试点成功案例和最新技术发展。会上，相关部门介绍了推动绿色数据中心发展的相关政策和工作重点；陶文铨等院士专家介绍了绿色数据中心空气冷却领域最新技术和研究成果；中国电子学会解析了《绿色数据中心评估准则》团体标准；中国移动南方基地等国家绿色数据中心单位分享了试点建设经验和做法，相关企业还分享了绿色数据中心先进适用技术及应用案例。

2018 年 05 月 18 日

《绿色工厂评价通则》国家标准正式发布

为加快推进制造强国建设，实施绿色制造工程，积极构建绿色制造体系，由工业和信息化部节能与综合利用司提出，中国电子技术标准化研究院联合钢铁、石化、建材、机械、汽车等重点行业协会、研究机构和重点企业等共同编制了《绿色工厂评价通则》（GB/T 36132—2018）国家标准。这是我国首次制定发布绿色工厂相关标准。

标准明确了绿色工厂术语定义，从基本要求、基础设施、管理体系、能源资源投入、产品、环境排放、绩效等方面，按照"厂房集约化、原料无害化、生产洁净化、废物资源化、能源低碳化"的原则，建立了绿色工厂系统评价指标体系，提出了绿色工厂评价通用要求。标准的发布将有利于引导广大企业创建绿色工厂，推动工业绿色转型升级，实现绿色发展。

2018 年 05 月 29 日

工信部节能司组织召开京津冀新能源汽车动力蓄电池回收利用工作协调会

为推进京津冀三地协同开展新能源汽车动力蓄电池回收利用试点工作，加快建立京津冀区域新能源汽车动力蓄电池回收利用体系，2018 年 5 月 29 日至 31 日，节能与综合利用司司长高云虎带队前往北京市、天津市开展新能源汽车动力蓄电池回收利用工作调研，并在京组织召开了三地工作协调会议。北京市、天津市、河北省工业和信息化主管部门有关负责同志参加了调研活动及会议。

调研组实地调研了北汽新能源、天津银隆等新能源汽车生产企业，北京普莱德、天津力神等动力蓄电池生产企业，以及北京匠芯、天津赛德美、天津猛狮等综合利用企业，详细了解了企业开展新能源汽车动力蓄电池回收利用工作现状和在发展过程中遇到的问题和困难。调研活动结束后，高云虎司长在北汽新能源主持召开了工作协调会，京津冀三地工业和信息化主管部门介绍了工作进展情况，北汽、比亚迪、吉利、长城、长安、江淮、银隆等新能源汽车制造企业，普莱德、国能等动力蓄电池生产企业，以及中国铁塔、格林美、天津猛狮、赛德美等综合利用企业进行了发言。

6 月

2018 年 06 月 16 日

2018 年全国节能宣传周和全国低碳日启动仪式在北京举行

为大力倡导简约适度、绿色低碳的生活方式，在全社会营造节能降碳的浓厚氛围，推进绿色发展，国家发展改革委、生态环境部等 14 个部委联合印发《关于 2018 年全国节能宣传周和全国低碳日活动的通知》，对全国节能宣传周、全国低碳日活动进行了系统部署，决定 2018 年 6 月 11 日至 17 日为全国节能宣传周，宣传主题是"节能降耗保卫蓝天"；6 月 13 日为全国低碳日，主题是"提升气候变化意识，强化低碳行动力度"。今年宣传周是我国第 28 个全国节能宣传周，2018 年低碳日是我国第 6 个全国低碳日。

全国节能宣传周和全国低碳日活动期间，各地方和有关部门围绕"节能降耗保卫蓝天""提升气候变化意识，强化低碳行动力度"的主题，举行节能进校园进企业进社区、节能产品进商场、绿色出行、在线节能有奖知识竞答、发送主题短信、能源紧缺体验、文艺汇演、展览展示等活动，传播节能理念、普及节能知识、推广节能技术、提升全民意识，推动形成崇尚节约节能、绿色低碳消费与低碳环保的社会风尚。

2018年06月19日
工业和信息化部发布2017年重点用能行业能效"领跑者"企业名单

6月19日,工业和信息化部会同国家市场监督管理总局在京召开2017年度重点用能行业能效"领跑者"发布会。会议发布了2017年度钢铁、电解铝、铜冶炼、原油加工、乙烯、合成氨、甲醇、水泥、平板玻璃9个重点用能行业的19家能效"领跑者"企业名单。工业和信息化部党组成员、副部长辛国斌出席会议并讲话。中国石油和化学工业联合会会长李寿生,国家市场监督管理总局计量司副司长杜跃军,工业和信息化部产业司、科技司、原材料司、消费品司相关负责同志,相关行业协会、部分省市工业和信息化主管部门以及能效"领跑者"企业代表参加了会议。会议由工业和信息化部节能与综合利用司司长高云虎主持。

辛国斌在讲话中指出,绿色发展是构建高质量现代化经济体系的必然要求,是解决污染问题的根本之策。要推进绿色发展,建立健全绿色低碳循环发展的经济体系,形成节约资源和保护环境的空间格局、产业结构、生产方式、生活方式。

2018年06月24日
2018中国绿色发展大会在湖州成功举办

6月24日,由国家制造强国战略咨询委员会联合中国工业节能与清洁生产协会和湖州市人民政府共同举办的2018中国绿色发展大会,在湖州成功举办。工业和信息化部原部长李毅中,浙江省智能制造专家委员会主任、浙江省人大常委会原党组副书记、副主任毛光烈,中国工程院党组成员陈键锋院士、国家制造强国建设战略咨询委员会委员王小康,工信部节能司司长高云虎,以及央企、地方大型国企、民企等代表共计300多人参会。

大会通过研究分析绿色发展的深刻内涵和实践经验,探讨交流制造业践行"两山"理念、推进"绿色制造"的新路径和新模式。浙江湖州是"两山"理念的诞生地,同时也是全国首个以"绿色制造"为特色的"中国制造2025"的试点示范城市,在绿色发展方面积累了宝贵的实践经验,在践行"两山"理念方面起到了样板地、模范生的示范引领作用。

2018年06月29日
钢铁行业绿色制造技术经验交流会在邯郸召开

6月29日,钢铁行业绿色制造技术经验交流会在河北省邯郸市召开。工业和信息化部节能与综合利用司司长高云虎出席会议并讲话。生态环境部大气环境管理司和河北省、河南省等地工业和信息化主管部门相关负责同志，重点钢铁企业、相关行业协会和科研机构代表参加会议。

高云虎指出，钢铁工业是国民经济的重要基础产业，为国家建设提供了重要的原材料保障，有力推动了我国工业化、现代化进程，促进了民生改善和社会发展。但是，钢铁行业能源消费量巨大，铁矿石对外依存度高，产生了大量工业固废，给资源能源以及生态环境带来了较大压力。

高云虎强调，加快推进钢铁工业绿色发展，是生态文明建设的要求，也是新时代工业经济高质量发展的重点任务，必须牢固树立绿色发展理念，正确把握生态环境保护和产业发展的关系，为打好污染防治攻坚战、打赢蓝天保卫战做出积极贡献。一是进一步加快绿色化改造，推广应用先进绿色制造技术，推进实施超低排放改造，提升行业资源能源利用和清洁生产水平。二是充分发挥行业绿色工厂的标杆示范作用，加强技术交流，鼓励钢铁企业推进与建材、电力、化工等产业及城市间的耦合发展，建设绿色工业园区，带动行业整体绿色提升。三是加快能耗、水耗、清洁生产等标准制修订，鼓励制定严于国家标准、行业标准的企业标准，提升钢铁行业绿色发展标准化水平。

会上，生态环境部有关专家对钢铁行业超低排放政策进行了解读，河钢集团邯钢公司、太原钢铁（集团）有限公司、德龙钢铁有限公司等企业的代表进行了技术经验交流。会议期间，与会代表还实地调研了河钢集团邯钢公司烧结机 CSCR 脱硫脱硝工艺等。

8月

2018 年 08 月 06 日

生态环境部发布《京津冀及周边地区 2018—2019 年秋冬季大气污染综合治理攻坚行动方案》

8 月 6 日，生态环境部发布了《京津冀及周边地区 2018—2019 年秋冬季大气污染综合治理攻坚行动方案》，其中钢铁、焦化、铸造行业实施部分错峰生产。天津、石家庄、唐山、邯郸、邢台、安阳等重点城市，采暖季钢铁产能限产 50%；其他城市限产比例不得低于 30%，由省级政府统筹制定实施方案；限产计量以高炉生产能力计，配套烧结、焦炉等设备同步停限产，采用企业实际用电量核实。钢铁企业有组织排放、无组织排放和大宗物料及产品运输全面达到超低排放要求的，可不予错峰，在橙色及以上重污染天气预警期间限产 50%，由相关省级部门上报生态环境部、工业和信息化部备案；仅部分生产工序和环节达到超低排放要求的，仍纳入错峰生产实施方案，按照排放绩效水平实施差异化错峰。

9月

2018年09月29日
汽车产品生产者责任延伸座谈会在长春召开

9月29日，汽车产品生产者责任延伸座谈会在长春召开。会议由中国汽车技术研究中心主办，一汽、东风、上汽、长城、吉利等汽车生产骨干企业，上海华东拆车、安徽瑞赛克等部分汽车回收拆解企业，中国汽车工业协会及行业有关专家等代表参加了座谈会。工业和信息化部节能与综合利用司有关同志出席会议。

会上，与会代表围绕汽车行业落实生产者责任延伸制度进行了深入的交流与研讨，一致认为实施生产者责任延伸制度，是加快生态文明建设和绿色循环低碳发展的内在要求，对推进供给侧结构性改革和制造业转型升级具有积极意义。汽车工业是国民经济支柱型产业，属于资源密集型行业，汽车报废后如处置不当，将带来严重的资源、环境和安全问题。汽车行业实施生产者责任延伸制度，对于推动汽车生产企业履行资源环境责任，促进汽车行业健康发展具有重要意义。汽车行业应试点先行，以汽车生产企业为责任主体，遵循产品全生命周期管理理念，以报废汽车回收体系构建和资源化利用为重点，实施绿色供应链管理，积极探索建立适合我国国情的汽车产品生产者责任延伸制度实施模式，为建立完善的汽车产品生产者责任延伸制度奠定基础。

会议讨论了汽车产品生产者责任延伸试点实施方案及评价指标体系有关内容，充分听取了企业及行业专家意见。

10月

2018年10月19日
工信部副部长辛国斌出席中国绿色供应链联盟成立大会

10月19日，中国绿色供应链联盟成立大会在北京举行，工业和信息化部党组成员、副部长辛国斌，工业和信息化部原党组成员、中央纪委驻工业和信息化部纪检组原组长金书波出席大会，并做重要讲话。

辛国斌指出，打造绿色供应链是构建绿色制造体系的重要组成部分，是推动工业绿色转型升级的有效途径。在市场经济条件下，打造绿色供应链，推动工业绿色发展，要充分发挥市场在资源配置中的决定性作用，同时还要合理发挥社会组织的桥梁纽带作用。中国绿色供应链联盟是由相关企业、高校、科研院所、金融机构及行业协会组织成立的非营利性合作组织，要充分利用各方面力量，整合资源、协作互动，在绿色供应链管理、技术创新、评价服务等方面发挥作用，成为绿色发展理念的践行者，绿色制造创新发展的开拓者，为工业绿色发展、生态文明建设做出贡献。

工业和信息化部副部长辛国斌担任中国绿色供应链联盟指导委员会主任，工业和信息化部原党组成员、中央纪委驻工业和信息化部纪检组原组长金书波担任理事长，中央政策研究室原副主任、中国国际经济交流中心副理事长郑新立担任专家咨询委员会主任。目前，联盟成员单位有珠海格力电器股份有限公司、华为技术有限公司、深圳市腾讯计算机系统有限公司等140余家。

2018年10月26日
第三届甲醇汽车发展研讨会在昆山举办

10月26日，第三届甲醇汽车及零部件装备展暨甲醇汽车发展研讨会在江苏省昆山市举办。工业和信息化部节能与综合利用司副司长杨铁生，工业和信息化部甲醇汽车试点专家组组长、原机械工业部部长何光远及部分专家组成员，中国汽车工业协会、中国石化联合会等行业协会有关负责同志，国内主要甲醇汽车及零部件制造企业以及美国全球甲醇行业协会、全球能源安全理事会等国外机构代表参加了本次活动。

本次展会有吉利、一汽、北汽、陕汽等甲醇汽车整车，以及潍柴、山东新蓝环保、江苏达菲特等零部件企业参展，展品涉及甲醇乘用车、公交车、重型卡车、轻卡等整车产品及甲醇发动机、控制系统、甲醇燃料加注机、燃料后处理装置等关键零部件，甲醇重整制氢燃料电池汽车等新型产品，全面展示了我国甲醇汽车发展最新应用成果。

甲醇汽车发展论坛重点围绕甲醇汽车技术、国际甲醇汽车及燃料发展态势、甲醇经济等多个主题进行深入研讨交流。杨铁生在讲话中指出，践行绿色发展理念是生态文明建设必然要求，要深入推进供给侧结构性改革，推动能源生产和消费革命，加快培育发展新动能。推动甲醇汽车发展，对于促进车用燃料多元化发展、减少大气污染物排放、保障国家能源安全具有重要意义。要坚持因地制宜、积极稳妥、安全可控的原则，从实际出发，在山西、陕西、贵州、甘肃等具备推广应用条件的地区，加快甲醇汽车推广，有效推进甲醇汽车制造体系、甲醇燃料生产和加注体系以及标准体系建设，积极开展国际间技术交流与合作。

2018年10月31日
新能源汽车动力电池回收利用体系建设论坛在京召开

10月31日,新能源汽车动力电池回收利用体系建设论坛在北京召开。中国汽车工业协会、中国汽车动力电池产业创新联盟,全国动力蓄电池回收利用试点省市工业和信息化主管部门,有关新能源汽车生产企业、中国铁塔股份有限公司及行业有关专家等代表参加了会议。工业和信息化部节能与综合利用司李力巡视员出席会议并讲话。

李力指出,做好动力蓄电池回收利用工作,是践行生态文明建设的重要举措,对于保护生态环境,防止安全隐患,实现资源循环利用,推动新能源汽车产业健康可持续发展具有重要意义。加快构建废旧动力蓄电池回收利用体系是当前紧迫而艰巨的任务,需要政府、企业等社会多方共同参与,充分发挥政府引导与市场主导相结合作用,统筹谋划、扎实推进。各地要切实抓好已出台政策的落实,加快推动试点工作,促进跨区域、跨行业合作,积极探索形成技术经济性强、资源环境友好的市场化回收利用模式。汽车生产企业要严格落实生产者责任,强化主体意识,切实履行回收利用责任,实施全生命周期溯源管理。他强调,铁塔公司要充分发挥新能源汽车动力蓄电池回收利用重大示范工程引领带动作用,加强与各试点地区及产业链上下游企业协作,创新市场化模式,构建规范高效的回收利用体系,有效推进废旧动力蓄电池梯次利用。

会上,与会人员共同围绕回收利用管理政策、回收利用体系构建、梯次利用场景应用及技术发展等方面进行了交流研讨。中国铁塔股份有限公司与一汽、东风、比亚迪等11家新能源汽车生产企业签订了动力蓄电池回收利用体系建设合作意向书。

11月

2018年11月16日
2018年全国废钢铁大会在成都召开

11月16日,由中国废钢铁应用协会、全国废钢铁产业联盟联合主办的2018年全国废钢铁大会在成都召开。第十一届全国政协经济委员会副主任、国家统计专家咨询委员会主任、国家统计局原局长李德水,工业和信息化部节能与综合利用司、发展改革委环资司,以及有关行业协会、钢铁企业、废钢铁加工企业的代表参加了会议。工业和信息化部节能与综合利用司巡视员李力出席会议并讲话。

李力指出,钢铁工业是国民经济的重要基础产业,推动钢铁工业绿色发展,对于实现我国工业转型升级、建设制造强国具有重要意义。废钢铁综合利用是钢铁工业转型升级的重要内容,要贯彻落实创新、协调、绿色、开放、共享的发展理念,着力提高资源利用效率,积极引导和推动废钢铁产业健康发展。要加强产业布局,在全国范围内做好统筹规划,科学引导,逐步提高产业集中度,有序推动建设一批区域性废钢铁集中加工配送中心。着力培育行业骨干企业,严格落实废钢铁加工行业规范条件,加强事中事后管理,对已公告的规范企业建立有进有出的动态管理机制。鼓励废钢加工企业兼并重组和集团化发展,推动废钢铁回收—拆解—加工—分类—配送—应用一体化,带动上下游产业链绿色化发展。加强对现有产业政策、财税政策的贯彻落实,推进增值税即征即退等政策的落地实施。

会议总结了今年以来废钢铁行业的运行情况、废钢铁消耗的相关情况,分析了行业发展面临的问题,对废钢铁行业发展的前景进行了展望。

2018年11月16日

2018年度中国家电"能效之星"评价结果发布活动在合肥举行

2018年11月16日,工业和信息化部节能与综合利用司在第十二届中国(合肥)国际家用电器暨消费电子博览会上,举办了2018年度中国家电"能效之星"评价结果发布活动。按照《能效之星产品评价规范》和相关标准要求,经企业申报、地方主管部门和行业协会推荐、专家评审和社会公示,2018年共有电动洗衣机、热水器、液晶电视、房间空气调节器、家用电冰箱、电饭锅、微波炉、吸油烟机等30家企业的8大类18种类型84个型号家电产品入选。

为贯彻落实制造强国战略,推动工业绿色发展和消费模式转变,工业和信息化部自2012年起,已连续7年开展"能效之星"评价活动,累计已有9大类486个型号产品列入目录,获得"能效之星"产品称号。今年的评价活动依据现有能效标准扩大了产品征集范围,丰富了产品类型,为推动各类家电产品能效水平提升,引导绿色生产和绿色消费起到了积极的作用。下一步,工业和信息化部将持续推动家电生产企业坚持创新发展、绿色发展理念,保持产品的一致性,生产出更多的绿色产品,满足消费者日益增长的美好生活需要。

2018年11月28日

工业和信息化部、中国农业银行印发《关于金融支持县域工业绿色发展工作的通知》

11月28日,工信部、中国农业银行印发《关于推进金融支持县域工业绿色发展工作的通知》，《通知》指出，全面贯彻落实党的十九大精神，增强金融服务实体经济能力，促进工业绿色低碳循环发展，推进县域工业绿色转型升级。各级工业和信息化主管部门与农业银行要围绕制造强国建设目标要求，结合本地区资源禀赋和产业基础，以供给侧结构性改革为主线，以提升本地区工业企业资源能源利用效率为目标，充分利用多种金融手段，积极支持工业设计、生产、物流、消费等全产业链绿色转型，全面推行绿色制造，推动县域工业向高质量发展转变，实现绿色增长。

《通知》提出，将加快制造业绿色改造升级。围绕京津冀及周边地区、长江经济带、珠三角、东北老工业基地以及西部开发等重点区域，实施重点行业清洁生产水平提升计划，推进企业绿色化技术改造。结合县域资源禀赋和产业基础，突出地域特色主导产业或产品，聚焦食品、建材、纺织、轻工、机械等行业，推广应用高效节能、节水技术和装备，实施能效、水效和环保提升改造。支持有条件的地方大力发展附加值高、能源资源消耗少的电子信息和装备制造等先进制造业。强化工业资源综合利用，推进产业绿色协同链接，促进县域范围内企业、园区、行业间协同共生，打造循环经济产业链。

2018 年 11 月 28 日

工业海水淡化技术现场交流会在沧州召开

为扎实推进工业高效节水和海水淡化利用，按照工业和信息化部节能与综合利用司工作安排，2018 年 11 月 28—30 日，中国工业节能与清洁生产协会节水与水处理分会在河北沧州组织召开了工业海水淡化技术现场交流会。相关政府部门、沿海地区重点园区、高校、科研院及相关企业 200 余位代表参加了本次会议。工业和信息化部节能与综合利用司高云虎司长出席会议并讲话。

高云虎指出，积极开发利用海水淡化等非常规水源成为保证沿海地区可持续发展的重要途径，要从提高关键核心技术创新能力、开展工程化应用和示范、积极开展海水淡化技术交流活动三方面进一步做好海水淡化工作。

本次交流会围绕海水淡化最新技术发展、发展模式、工业海水淡化案例、新能源海水淡化及"一带一路"国外海水淡化工程建设经验等方面做了交流，并现场调研河北国华沧东发电有限责任公司海水淡化项目。

12 月

2018 年 12 月 10 日

工信部节能与综合利用司在江苏仪征举办石化先进节能技术装备推广交流会

为加快高效油液分离、低温余热利用等先进节能技术装备的推广应用，提高石化和化工行业能源利用效率，实现企业降本增效，工业和信息化部节能与综合利用司会同中国石油和化工联合会于 12 月 10 日在江苏仪征召开了先进节能技术装备推广交流会。工信部节能与综合利用司、中国石油和化工联合会以及石油化工企业、节能服务公司的代表参加了会议。

会上，节能与综合利用司与石化联合会分别介绍了当前技术装备推广、节能管理等方面有关政策、措施。来自中国石化、中国石油的相关企业与浙大中控、南京艾凌等节能服务公共同介绍了高效油液分离、低温余热利用、能源数字化管控、永磁调速等节能技术装备的推广应用案例，并详细交流了相关技术装备的实际应用情况，分享了下一步市场推广前景。与会代表还现场参观了中国石化仪征化纤有限责任公司能源管控中心、1,4-丁二醇（BDO）能源净输出工厂、热电厂引风机永磁调速等节能技改项目。

2018 年 12 月 13 日

"推进绿色制造体系建设、促进工业绿色低碳发展"中国角边会在第 24 届联合国气候变化大会期间成功举办

12 月 13 日，"推进绿色制造体系建设、促进工业绿色低碳发展"中国角边会在波兰卡托维兹第 24 届联合国气候变化大会"中国角"成功召开。工业和信息化部节能与综合利用司、中国社会科学院城市发展与环境研究所、工业和信息化部电子五所、工业和信息化部国际经济技术合作中心和中国绿色制造联盟、山东如意科技集团、京津冀再制造产业技术研究院等单位的代表，以及联合国工业发展组织、美国自然资源保护委员会、澳大利亚莫纳什大学等国际组织和研究机构的代表参加会议。

会上，工业和信息化部节能与综合利用司相关工作负责人介绍了中国政府积极推动中国工业绿色低碳转型促进工业经济高质量发展的做法和经验。近年来，工业和信息化部着力推动产业结构绿色低碳转型，持续促进传统制造业绿色化改造提升，大力培育节能环保、新能源汽车、新能源装备等绿色制造产业发展。工业和信息化部还创新工作方法，推动构建绿色、低碳、循环的绿色制造体系，目前中国已建成 800 家绿色工厂、79 家绿色园区、40 家绿色供应链管理示范企业，并鼓励企业开发 726 种绿色产品。中国工业绿色低碳转型取得了积极成效，中国规模以上工业企业 2016 年、2017 年两年累计节能约 3 亿吨标准煤，企业节约能源成本超过 3000 亿元，可减排二氧化碳约 7.8 亿吨，实现了经济效益和生态效益双赢。绿色制造已成为推动中国工业绿色发展，应对气候变化的有效途径。

后 记

《2018—2019 年中国工业节能减排蓝皮书》是在我国现阶段高度重视生态文明建设，大力推进绿色发展的背景下，由中国电子信息产业发展研究院赛迪智库节能与环保研究所编写完成。

本书由刘文强副院长担任主编，顾成奎所长担任副主编。具体各章节的撰写人员为：综合篇由王煦、莫君媛、李欢、洪洋、张玉燕撰写，重点行业篇由崔志广、赵越撰写，区域篇由李鹏梅、李欢、郭士伊撰写，政策篇由郭士伊、洪洋、杨俊峰撰写，热点篇由李鹏梅、莫君媛、王煦、洪洋撰写，展望篇由李博洋、霍婧撰写，2018 年工业节能减排大事记由谭力收集整理。

此外，本书在编撰过程中，得到了工业和信息化部节能与综合利用司领导以及钢铁、建材、有色、石化、电力等重点用能行业协会和相关研究机构专家的大力支持和指导，在此一并表示感谢。希望本书的出版，能为工业节能减排的政府主管部门制定政策时提供决策参考，能为工业企业节能减排管理者提供帮助。本书虽经过研究人员和专家的严谨思考和不懈努力，但由于编者能力和水平所限，疏漏和不足之处在所难免，敬请广大读者和专家批评指正。

思想，还是思想
才使我们与众不同

《赛迪专报》　　　　《安全产业研究》　　　　　　《产业政策研究》
《赛迪前瞻》　　　　《工业经济研究》　　　　　　《军民结合研究》
《赛迪智库·案例》　　《财经研究》　　　　　　　　《工业和信息化研究》
《赛迪智库·数据》　　《信息化与软件产业研究》　　《科技与标准研究》
《赛迪智库·软科学》　《电子信息研究》　　　　　　《无线电管理研究》
《赛迪译丛》　　　　《网络安全研究》　　　　　　《节能与环保研究》
《工业新词话》　　　《材料工业研究》　　　　　　《世界工业研究》
　　　　　　　　　　　　　　　　　　　　　　　　《中小企业研究》
《政策法规研究》　　《消费品工业"三品"战略专刊》《集成电路研究》

通信地址：北京市海淀区万寿路27号院8号楼12层
邮政编码：100846
联 系 人：王　乐
联系电话：010-68200552　13701083941
传　　真：010-68209616
网　　址：www.ccidwise.com
电子邮件：wangle@ccidgroup.com

研究，还是研究
才使我们见微知著

规划研究所	知识产权研究所	安全产业研究所
工业经济研究所	世界工业研究所	网络安全研究所
电子信息研究所	无线电管理研究所	中小企业研究所
集成电路研究所	信息化与软件产业研究所	节能与环保研究所
产业政策研究所	军民融合研究所	材料工业研究所
科技与标准研究所	政策法规研究所	消费品工业研究所

通信地址：北京市海淀区万寿路27号院8号楼12层
邮政编码：100846
联 系 人：王 乐
联系电话：010-68200552 13701083941
传   真：010-68209616
网   址：www.ccidwise.com
电子邮件：wangle@ccidgroup.com